穿出你的品位

幽兰女社社长
张乐华博士著

中国青年出版社

（京）新登字083号

图书在版编目（CIP）数据

穿出你的品位 / 张乐华著. —— 北京：中国青年出版社，2012.10
ISBN 978-7-5153-1085-5

Ⅰ. ①穿… Ⅱ. ①张… Ⅲ. ①女性-服饰美学 Ⅳ. ①TS976.4
中国版本图书馆CIP数据核字（2012）第225239号

责任编辑：苏 婧
装帧设计：曹 茜
摄　　影：姚 远 王梅莉

出版发行：中国青年出版社
社址：北京东四十二条21号
邮编：100708
网址：www.cyp.com.cn
编辑部电话：（010）57350400
门市部电话：（010）57350370
印刷：北京顺诚彩色印刷有限公司
经销：新华书店
规格：880 × 1230
开本：1/20
印张：10
字数：60千字
版次：2012年11月北京第1版
印次：2012年11月北京第1次印刷
印数：1–20000册
定价：39.00元
本图书如有印装质量问题，请凭购书发票与质检部联系调换
联系电话：（010）57350337

书评

“留下一个良好的第一印象从来就没有第二次机会。”这句格言也许可以非常恰当地用来作为张乐华女士这本书的副标题。正因为如此，我才非常愉快地接受了为该书作评论的建议。我们的衣着、举止和教养确实向周围发出很多关于我们个性和修养的重要信号。

特别是对于生活在国际化大都市紧张繁忙环境中的人，这样的信号就成了别人判断我们，并决定如何对待我们的重要依据，正是这种依据可能使我们获得或失去一个潜在的工作、商业机会，一份美好的友谊，一份真挚的爱情。

该书对读者们提出了很多有益的建议：特别是剖析了如何通过衣着给别人留下优雅、有品位、精致、有修养的印象，这本书会帮助我们在追求人生幸福的过程中拥有更多的好运。

这本书也一定会被今天身处国际环境中越来越自信的中国女性奉为经典。我们西方人也能带着极大的兴趣阅读这本书， 因为她给了我们一些如何将东方文化的元素与我们西方文化的美和谐地搭配在服饰上的启发。

相信一位读者都能在字里行间找到适合你的那把通往优雅和尊严的钥匙，祝你像我一样享受阅读这本书带来的愉快！

——意大利驻中国原大使夫人 施璠雅女士（意大利）

Madam Stefania Sessa

这本书不仅适合渴望提升着装品位的平常人，也特别适合从事服装设计和形象设计的专业人士。穿衣绝不仅仅是日常生活的需要，也是穿衣者个人文化涵养和审美观的表达，没有这种对社会和文化的深刻理解的人不可能穿出服装的高雅品位。我很欣然地看到此书作者对服饰本身以及背后隐藏的文化有深厚的理解和修为，也有着纯熟优雅的着装技巧经验，我认为能看到这本书的人是幸运的。

——宁·柯瑞雯爵士夫人（英国）

Lady Ning Craven

真的很好，建议大家阅读，本书最棒的地方就是深入浅出地道出了着装时应该理解的文化内涵，而且又讲清了把日常服装穿出品位的实用方法，实在难得。

——《安25 ans》出版人兼编辑总监 宋绢女士

这本书真的是太好了，因为品位是一件很难讲清的事，难得的是作者能清楚地把这么复杂的事交代清楚，相信读者会从阅读中大大受益。

—— 北京雪丽娜工艺美术《皇锦》总经理兼设计总监 张雪梅女士

CONTENTS

目录

优雅改变命运
品位价值无限

幽兰女社社长　张乐华　博士

Forward

写在前面——

曾经有一位富有的女性对我说："如果你能带着我的女儿到国外周游一圈并让她们获得品位，我给你100万元。"我对她说："你不用给我100万，我正在把我自己对品位的心得通过出版物毫无保留地奉献给我的读者，你只需购买我们幽兰女社的系列丛书，买后认真地看几遍并将学到的知识运用到自己的生活中，你就会一天比一天更有品位。"

几乎所有前来幽兰女社进行形象和风度咨询的女性都有一个渴望，那就是让自己的形象"有品位、有个性，显得高雅"。看来"品位和优雅"是人人羡慕的形象，追求"品位和优雅"的形象道出了女性心底的呼声，因为它表现了拥有者非同一般的综合素质，更因为社会给"品位和优雅"的拥有者大开各种绿灯。

众所周知，一个人无论是想找一份好工作或是要获得一份爱，还是想让自己得到人们的尊重，都需要穿着有品位的服饰和拥有优雅的风度。今天，越来越多的人努力让自己的妆容和服饰能充分表现自己的人格魅力，渴望用形象来展示自己美好的生活质量、良好的社会地位、丰富的内心世界和个人的成就。然而遗憾的是，目前很多介绍女性服装的书只讲颜色、线条、款式、时尚，而不谈品位，这无疑是"只见树木不见森林"的形象战略。

有格调的着装是一张无形的名片，是一个人生活境界和思想境界的代言。崇尚多元文化的今天，并不等于人们不再用你的服饰来判断“你是谁”。我们普通人的着装和生活方式，无论是有意还是无意，都不能逃离它们正在发出有关我们在社会上所承担的各种角色的信号。智慧的人应该懂得让自己的服饰品位符合你期盼的社会地位和归属层面。但今天中国有太多富可敌国的女性,却有着看上去像每日为五斗米折腰的形象；也有太多有渊博学问的人，看上去像一架平淡无味的读书机器，并像对社会、生活毫不敏感的人；这是因为很多人误以为有了钱和学问就有了优雅和品位。其实人的品位不会因为有了钱和知识就自然的提高。也就是说尽管你可以花大把的钱来装扮自己，但你不一定看上去就有了品位和格调。

事实上，一个有很好的审美观念的人，常常不需要花很多钱就能把自己优雅地装扮起来，因为有品位而又不昂贵的服饰随处可得。大多数有品位的人都能将在别人眼里看上去普普通通的衣服独具匠心地搭配在自己身上。一个人如能具备这样的智慧，一生不知会为自己节约多少金钱、带来多少机会和尊重。因此，对于每一个希望优雅着装而不想花大价钱的人，首要的任务就是要学习品位。

该书出版的目的，就是要用我们多年来帮助成千上万的女性脱“俗”或脱“土”的经验来向读者揭示服饰“优雅和品位”的秘密，帮助读者用最少的钱和时间获得着装品位。尽管品位一直是一个所谓“只可意会，不能言传”的话题，但读懂这本书、并将这里的理论用在自己生活中的女性，就能很快地理解并展示自己的“雅”和贵气。相信每一个读懂了这本书并能认真按照我们的建议去做的人，都会在最短的时间内掌握品位着装的秘诀，并因此而改写自己的人生。

张乐华博士

二零一二年十月

品位大法1

PRICE OR ATTITUDE?

不是价格，是态度和眼界

PRICE OR ATTITUDE？

品位大法 1

不是价格，是态度和眼界

渴望着装有品位的女性一定要首先克服两个观念上的大敌：

第一，态度问题：一个成年女性如果在包装自己方面水平不高、经验不足，首先要检查自己的态度——最常见妨碍自己优雅着装的态度是自卑，认为自己不值得穿什么好衣服；或认为一个人的服饰好坏并不重要，注重着装是虚荣思想在作祟。正是这两种态度导致许多人长此以往地忽略在服饰方面的学习和投入。

其实有史以来，人们的着装就不仅仅以包裹身体为目的。服饰是一个人的社会地位、修养、经济实力、个性和价值观的说明书。孔子的学生子贡说：优质的人，必有不同寻常的形象，就像狗和豹不可能有一样的纹理，如去掉了狗和豹身上的皮毛，它们之间的优胜与伪劣也就很难看出了。由此可以看出，服饰是人在社会上成功的一个不可忽略的重要因素。因此，要想提高自己服饰的品位，第一要克服的就是观念上的障碍，改变自卑和忽视的态度，把投资自己的着装品位看做是投资自己的成功和自信。

第二，方法问题：还有很多女性尽管花了大量时间装扮自己，并经常购买服饰，但努力的效果却并不显著。这主要是因为她们的眼界或见识不够而以致审美观点落后导致的投入与产出不成正比。

世界上最昂贵的服饰很难没有品位，而非常廉价的服饰也很难特别优雅，但我们日常见到的大部分服饰都介于这两者之间。一个人的穿着是否有品位，完全取决于购买者的眼力和其是否善于巧妙搭配。服饰和服饰之间的品位可以有天壤之别，如以巴黎时

尚发布会上展示的服饰和落后国家偏远村镇市场上的服饰相比，它们的品位甚至有着跨世纪的区别。在短时间内富有起来的人，虽然物质丰富了，但品位常常无法很快随之提升。品位有限但却大把花钱的女性，就成了今天到处可见的全身上下都是名牌、但看上去还是有些“土”的人；还有太多的人误以为某种服饰穿的人越多就一定是美的，因此她们盲目追求流行，导致自己看上去毫无特色。

精致的首饰、手包和鞋彰显了女性的优雅度，一抹红色更添生动俏丽。

可喜的是，今天市场上有着琳琅满目、极大丰富的商品供应，希望追求品位的女性如能不断吸纳丰富的服饰信息，就能练就犀利而敏锐的眼力和与时俱进的时尚观念，而获得这样的能力不仅需要多观察，更重要的是还要拥有谦虚的态度和海绵般吸纳知识的能力，正是这样的态度和能力才能有获得价值百万的品位，并让人能用最少的钱和时间就将自己有品位地装扮起来。

穿出你的品位行动 1

- 理解着装品位是在投资自己的幸福和成功，去掉购物时的内疚心理，用自己收入的十分之一购买服饰，每个季度都要为自己添置衣服。
- 订几本服饰杂志经常翻阅。
- 养成每个季度都要逛店的习惯，特别是逛高级购物中心并尽可能多试（不一定要买），养成在电视上注意时装秀和时装信息发布的习惯，注重知识和信息的积累，但不是往自己身上生搬硬套。

- 多观察自己遇到着装美好的人，分析她们穿得好的原因。
- 打造衣橱战略：

扔一些——看上去廉价，穿上难看的衣服。

买一些——看见物美价廉的（或物有所值）并能和许多衣服搭配的服饰就毫不犹豫地买回来。

改一些——买来的衣服如个别地方不合适，要请一些邻里的裁缝进行修改，如袖短、腰肥、腿长、身长、肩大等均可以进行改造。

做一些——有些非常经典的基础款和基本色的服装，如外面实在买不到，就可以找手艺好的裁缝师傅做一些，如基本色套装、长裤、基本款大衣等。

关于品位的观点

要想让自己的着装有品位，首先要改变的是观念，要相信投资着装就是在投资“成功”，下定决心加大在这方面的投入。同时有意识地增加自己在服饰方面的知识和信息的积累，而不是固守自己已经形成的审美观念，或依赖他人对自己的打造。学会大胆地不断尝试自己学到的新观念，让自己每天积累一点点，每天进步一点点。经常逛好的服装店，买的衣服要请他人帮助修理。

高级休闲装，彰显了面料和做工的优雅。

品位大法2

YOUR LOOK IS NOT SKIN-DEEP

仅仅好看是不够的

YOUR LOOK IS NOT SKIN-DEEP

品位大法2

仅仅好看是不够的

任何一个想学习穿衣打扮的人还应避免简单地问："我穿这件衣服好看吗？"因为仅仅好看是不够的。着装有品位，意味着让着装真正能支持自己的生活与职场战略，提高自己的人生幸福指数。这就需要我们花时间和精力去好好理解着装文化的内涵。

任何一个希望着装有品位的人，首先要理解着装主要有以下功能，并努力去掌握实现这几种功能的方法。

展示形象美

人可以通过选择适合自己的颜色、款式、搭配、风格的服饰让自己看上去成为一幅美轮美奂的画面。也就是说，人可以通过努力而将自己巧妙地装扮成“美女”或“帅哥”。而太多的人只选择穿合适的衣服——指仅仅合身的衣服，而不擅长穿适合自己的衣服——突出自己的强项，弱化自己的不足。

要想穿适合自己的衣服，就要学会善于用颜色、面料、款式、穿法来修饰自己，让自己看上去比真实的自己美丽N多倍。因此，学习服装品位的人要掌握能在自己身上创造美丽画面的技巧，这种技巧要求一个人对自己的身体有很好的了解，同时也对各种款式服装穿在身上的效果有很好的了解。

展示文化美

服饰本身是“不出声的语言”，是由颜色、造型、动作组成的“动画艺术”。凡是艺术品，都诉说着内涵、意

义和动机。也就是说，每个人的形象都不可能不表达出着装者的修养和文化诉求。真可谓穿者无意，看者有心。善于着装的人都在进行着“我是某某”的公开宣言。因此在学习如何打造出自己美丽的画面时，别忘了研究服饰的文化内涵，让每一件衣服和每一种搭配都诉说着你此刻想表达的内心世界。

展示生存美

服饰一定会表达出着装者的政治和经济地位。简单地说，一个为生存而挣扎的人和衣食无忧的人在服饰的精致和考究程度上一定是有区别的。生存状况不佳的人群着装的主要动机仅仅是遮体和方便，而生存状况优越的人着装有影响他人、吸引他人、表达自身综合实力和归属感、实现人生理想等目的。因此，服饰的精致程度是反映一个人生存状况的最直接指标。智慧的女性理解着装的这一功能，并善于将自己装扮为成功人士，因为她们知道，这样做的结果能使成功的大门为自己进一步敞开。要想做到这一点，就要懂得每一件服饰代表的社会不同层面独特的审美取向。依所需的社会层面的审美取向将自己装扮起来才能让我们在任何时候都能稳操走近成功的胜券。

与环境和谐：适合雨天的装扮

展示修养美

美的最高境界是和谐，人的服饰要能和天气、环境、他人、角色、自己的个性相和谐。只有达到这样的和谐，人才能真正进入美的境界。着装最重要的修养原则就是：让自己的服饰随着时间、地点、场合、角色的变化而有所改变。如有修养的人都懂得在高级的

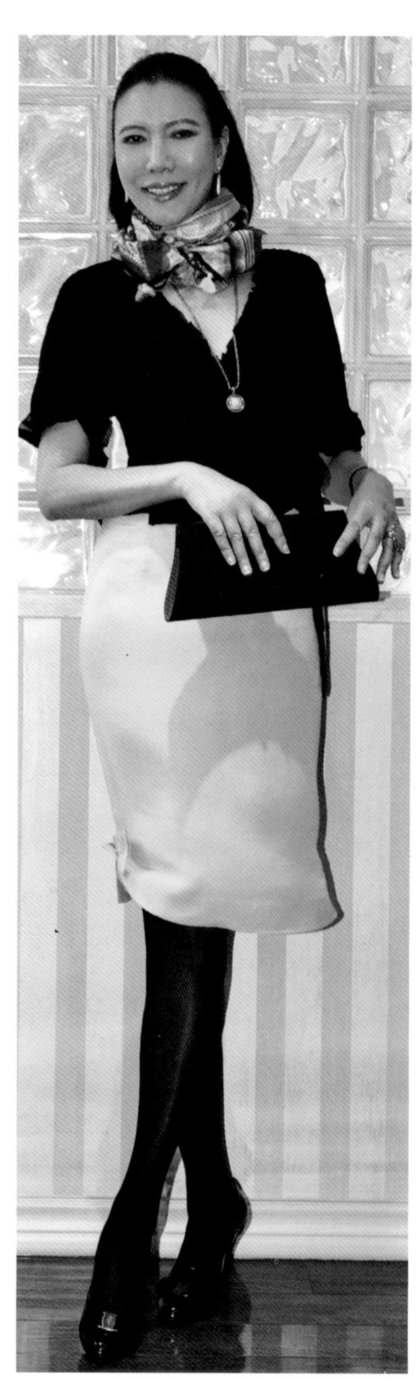

场合穿考究的衣服，朴实的地方穿朴素的衣服，职场中穿和自己的职责、位置相符合的衣服。此外着装者还要考虑到天气因素。风和日丽还是阴雨绵绵，室外还是室内，都市还是乡村，太阳当空还是星光密布——置身于不同的自然环境在选择服饰上都是有区别的。另外还要考虑和谁在一起，人群与人群之间可能有非常不同的文化，艺术家？娱乐界？政府领导？普通劳动者？高级脑力工作者？富有？贫困？因此，一个善于着装的人，无论处在什么地方都能让自己的服饰和环境和谐。而如何达到这样的和谐的确是每个学习服饰文化的人都应该天天修炼的一门语言。

展示个性美

善于着装的人总是能充分表达自己独特的风格和独一无二的美。人是由思想、外形、气质、职业、理想、生存环境等组合而成的，因此世界上的每一个人都是独一无二的。既然是独特的，就应该是美的，因为物以稀为贵。 所以，每个人都有责任找到最适合自己风格的服饰，以彰显自己与众不同的美。着装有品位的人一定是善于用服饰表达自己独特的美的人。每一件衣服的背后都有着独特的文化内涵，每一种不同的款式都适合不同的体型，每一种不同的搭配都诉说着不同的情感和情调，因此着装者一定要学会善用服饰的语言编织梦中的自己，帮助自己加速实现人生理想。

穿出你的品位行动 2

● 平日多观察不同的人着装的特点，理解不同社会人群审美观点的区别。

● 特别注意有文化和成功阶层的人服饰品位的特性。

● 特别花时间观察国际大都市的人着装的特点。

● 一定要经常看时装杂志。

● 要多参加高级社交活动，并注意出色着装人群的服饰是如何营造的。

● 在看电影时多观察不同的场合着装的套路，特别观察晚会装、休闲装、工作装、运动装之间的区别，白天和晚上服饰的区别。

● 看到每一件服饰时都要考虑：这件衣服表达什么样的美，是优雅？动感？时尚？经典？端正？性感？另类？显富有？还是朴实自然。

经典的黑白搭配，上衣雅致的绣花凸显了细节美。

● 经常问别人：你第一次见我认为我是什么样的人？你认为我身上最闪光的气质是什么？优雅？活泼？自然？艺术气质？性感？强势？将适合自己风格的服饰穿在自己的身上，才能展示自己独特的风格。

● 对着镜子认真研究自己，理解自己的身体条件，从头到脚对自己客观地评估一番，做出自己体型的评估，如：我的头是否偏大？脖子微短？肩？胸？腰？腿？手和腕部？脚和踝部？在分析后制定自己独特的服饰战略：这个战略就是让服饰突出自己的气质和身体的魅力，掩饰身体上的弱项。

关于品位的观点

服饰是一种文化，要想穿出品位就需要对服饰本身进行研究。服饰的品位最重要的方面首先是注重服饰的修养和礼仪，学会在不同时间、地点、场合、人群、角色中使用不同的着装，并达到让自己和环境的高度和谐；其次还要花时间研究自己的身体条件和独特风格，善用服饰去烘托自己独特的美；同时还要注意，服饰有很大的社会性，不要因为选错了服饰而让他人小看了自己，而将自己置于成功的大门之外。

品位大法3

THE DETAIL AND QUALITY

完整 精致 唯美

THE DETAIL AND QUALITY

品位大法 3

完整 精致 唯美

一个着装有品位的女性比起着装没品位的女性，往往有如下三个突出的区别：

1. 完整性：简单和省事不是品位女性的生活态度

有品位的女人和普通女人的最大区别就是：有品位女人在装扮后让自己是“完整的终产品”，而大多数女性装扮出来经常是“半成品”。就像参加一项考试，得分高是因为错

整体和谐统一之美：
围巾、手表和绣花。

误少，得分低是因为错误多，所有的地方都出错就难免不及格。有品位的女性在着装时一般会顾及到搭配上、下衣的鞋、包、围巾、帽子、手套、风衣、内衣、眼镜（墨镜）、首饰、手表、发饰、雨伞；而绝大多数人在着装时仅顾及上衣和裤子，完全忽略其他方面的服饰和上、下衣之间的搭配。

品位女人牢记这样一句话："世界上没有丑女人，只有懒女人。"一个人在着装上考虑的方面越多，效果就越完整，结果也就越高于生活，越有品位。

2. 精致性：细节决定一切

品位女人在选择自己的用品时注重品质，她们坚决拒绝粗制滥造和看上去廉价的物品。她们耐心等待自己有能力买一件经得起时间考验的精品，而绝不迫不及待地让自己拥有一大堆质量伪劣的东西。她们不仅会穿优质的服装，也会注意到拎包里的钱包、化妆包里的粉盒的精致度，乃至手绢、扇子、钥匙链、手机、打火机、笔记本、钢笔的精致度。她们要求这一切都美好、有风格，并和自己的气质相和谐。

3. 唯美性：坚持唯美的立场

优雅的女人面对流行趋势和他人的看法会采取冷静的审视态度，她们执著地站稳唯美的立场，只要是美的（当然还要符合自己的风格），无论是流行的，还是传统的，本土的，还是舶来的，一律为我所用；而对那些不美的流行服饰无论多少人穿（一定经不起时间的考验），也坚决避免尝试，决不妥协。

穿出你的品位行动 3

● 经常光顾名品店观摩学习，尽管不一定买，但要仔细体会那里服饰的品质和考究的细节。

● 逐渐从只观察服装过渡到对鞋、包、首饰、内衣、袜子、手套、雨伞、钱包、钥匙链、首饰盒等的关注和兴趣。因为这些物品不需要很多，也无需经常更换，因此需要考虑选择百搭的颜色、精良的品质。

● 打开自己的包，将里面的东西拿出来认真审视，做个计划，逐渐淘汰自己包里粗劣的物品，慢慢让自己所有用的东西都精致起来。

● 每天在选完上下衣后，一定要考虑配什么包和鞋、首饰、丝巾或围巾、风衣或大衣、雨衣和雨伞、帽子和手套、内衣和外衣（如黑色服饰配黑色内衣，白色服饰配白色内衣）、墨镜（眼镜）等，里里外外的一切配件都要协调。

关于品位的观点

品位女性着装最重要的特点就是完整性——比别人注重更多的服饰细节；精致性——宁缺毋滥，让每一件用品都精致；唯美性——不随波逐流，唯美是关键。品位女性让自己有精致的包、经典的伞、唯美的鞋、性感的内衣、与帽子配套的手套、娇贵的围巾、各种画龙点睛的首饰，件件不失优雅。就连口红管、香水瓶、钥匙链也要考究，不被细节的错误扣分。真正的美，永远不过时，而不美的潮流，瞬间即逝，又何必追求呢！要想在美的努力中事半功倍，就要坚决站稳唯美的立场，努力把握各种细节，实行主打经典、点缀流行的战略。

品位大法4

THE ACCESSORIES-SPIRIT OF WARDROBE

穿戴，只穿不戴，不可能有“派”

THE ACCESSORIES - SPIRIT OF WARDROBE

品位大法

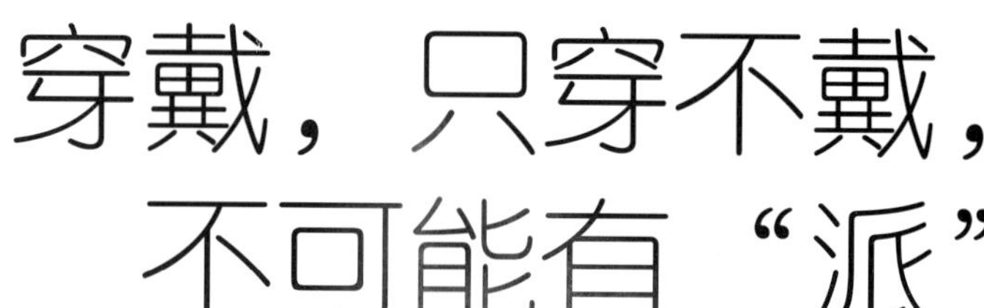

衣服再贵也有价，而饰品则可能价值连城。服装有遮体之功能，而饰品却没有，因此，饰品历来是身份和地位的象征。 饰品无疑为佩戴它们的人大大增添了贵气和完整性。也就是说，因饰品是一种奢侈品而非必需品，因此佩戴饰品是衣食无忧的象征，饰品是高雅女性特别钟爱的物品。

著名的时尚大师香奈尔说:饰品不是让女人看上去富有,而是让女人看上去更珍贵。

时代变了，在社会如此富有的今天，女性不再将首饰看做是财富了，人们可以大胆地用饰品装饰自己。饰品不等于首饰，首饰指的是用珍贵的原材料做成的饰品，而饰品是具有装饰性的任何物品，不一定是用贵重的原材料制成的。

尽管戴假首饰无罪，但是饰品一定要精选，而不能看上去过于廉价，也不是随意往自己的脖子上戴一样东西就行了。饰品一定要能起到装饰作用，特别是能起到画龙点睛、美化服装的作用。既然是画龙点睛用的，就不能日复一日只戴一件饰品。我们每天由于活动的时间、地点、场合不一样，服饰的风格和色彩也不一样，因此佩戴的饰品也一定要有所不同。

选择不同的饰品以搭配不同的衣服，让自己整体看上去达到一个更完美的境界是品位女人最重要的战略。因此，渴望着装优雅

高贵的女性一定要花些时间和精力学习饰品的佩戴。事实上，善于佩戴饰品与否，是一个人是否真的善于着装和具有品位的重要试金石。

饰品不但让你的整体服饰更完整、精致，另外还具有修饰容貌的效果。例如，长脸的人戴大圆耳环时，就会使脸显得短了；短脸的人戴长椭圆形耳环，就会有脸部拉长的效果。

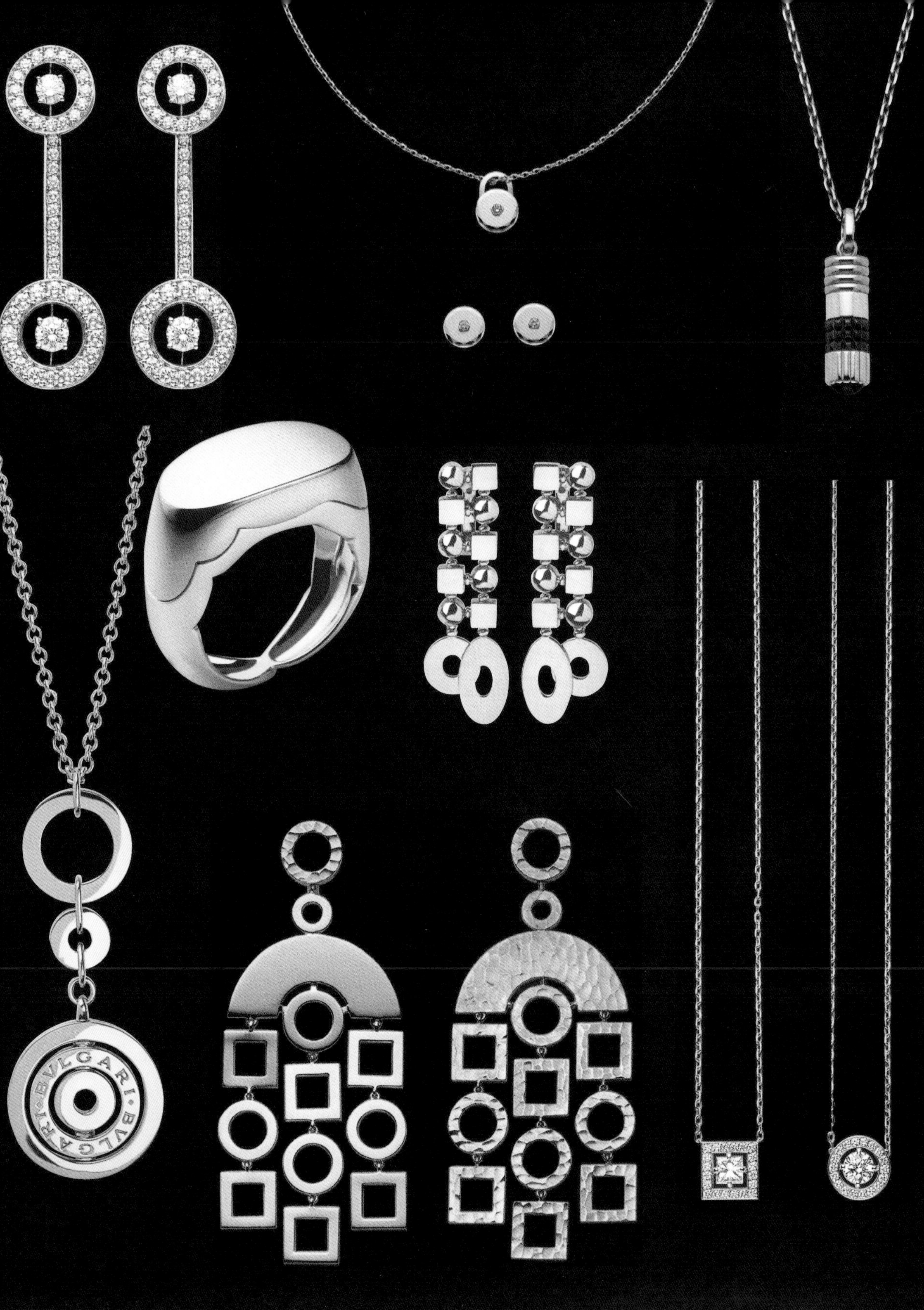
BVLGARI BVLGARI

我个人观察女性在饰品佩戴方面有几个常见的问题：

1．不戴。很多女性穿着很考究的衣服，却没有配上相应的饰品，她着装的完整性和精致性就会大大打折。

2．饰品太小，以至于完全没有装饰性，只是一个象征了，仿佛在说："反正我戴了。"

3．日复一日地戴一件饰品，完全和服装不配套。

4．饰品的品位不够。很多女性戴的饰品一看就是地摊上的廉价产品。买廉价饰品不是罪，但让人看出廉价还不如不戴，因为这涉及了品位的"大是大非"问题。

穿出你的品位行动 4

请拿出自己服装预算的1/4用来购买饰品。想看上去娇贵吗？戴上些精致的饰品吧！从现在开始，当你看时装杂志时不要再只把注意力放在服装上，而要把更多的注意力放在饰品上；逛店时不仅要试服装，也请多注意饰品。要想让自己佩戴的饰品能达到最好的装饰效果，应注意如下一些基本知识：

● 大小：佩戴饰品的大小应与人的身高、体重相符合—— 45公斤以下的女性戴小号饰品，45¯50公斤的女性戴中等大小的饰品，51¯60公斤的女性戴中等偏大的饰品，60公斤以上的女性应戴大号的饰品。

● 颜色：穿冷色的服装时最好戴银色、珍珠、水晶系列的饰品；穿暖色服装时戴金色、黑珍珠系列的饰品。如果要戴金色的饰品，最好让全身的配

表也是手上不可缺少的装饰品。

件（包括眼镜框、表链，以及衣服上、鞋上、包上的各种装饰扣）都是金色的，戴银色饰品时也要遵守同样的原则。

● 材质：戴有K金可能比戴纯金更柔美、高雅；美国银（sterling silver）比纯银更有时代感和易打理；而纯银适合设计成古风饰品，一般要经常擦亮了再戴。

● 搭配：戴有颜色的首饰最好和服饰的颜色一致，如红衣服配红玛瑙，绿衣服配玉石等。

● 风格:饰品的风格应该和服装的风格相统一，穿套装时应选择简约风格（如后现代主义风格）的饰品；穿浪漫的服装可以戴复杂的、女人味道十足的饰品；着古典的服装时应佩戴古香古色的饰品；着酷装时可以佩戴设计前卫的饰品。

● 主次：佩戴饰品时要注意主次分明，如项链是很大而醒目的，与之相配的耳环就要低调，反之亦然。同时搭配的首饰也要避免用同一造型,如项链是圆形的，耳坠就避免也是圆形的，否则就会感到太多的圆圈出现在头部。

如服饰的颜色和款式很单调,可以用夸张的首饰烘托气氛,使整个服饰看上去更丰富。

布满小珍珠的上衣已经体现了精致和丰富，首饰应选用简洁的珠链。

- 适当省略：服装上有金扣和银扣时可以不戴项链，否则显得太乱了。

- 表现优点：身上哪个部位漂亮就多在哪儿戴饰品。如脖子漂亮就多戴项链；胸漂亮就多挂胸链；丰满成熟的女性往往手腕很柔润，应多戴手镯；脸型美好的女性就请多戴耳环。手指漂亮可戴戒指。

- 数量：饰品最好别超过三件，戴多了就会像棵“圣诞树”。

- 协调：选择饰品的形状要和自己的脸型、颈型协调并且互补——即曲线型的人选曲线型的饰品，直线型的人选直线型的饰品。长脸、长颈者选微短的造型；短脸、短颈者选有微微拉长效果的款式。

- 品质：有品位的饰品有良好的设计；干净整洁的天然原材料；切割整齐、细节完美的宝石；金、银和钻石都要闪烁发光,或看上去光泽柔润,而不能粗制滥造；正反两面都应该有良好的做工。

● 宁缺毋滥：宁愿不戴，也不选择粗制滥造的饰品或太明显的仿制品。

关于品位的观点

有品位的女性会花心思根据不同的服装选择佩戴不同的饰品，因为这样会使女人看上去更珍贵、完整和精致。佩戴饰品的目的是装饰自己，使自己的服饰看上去更臻于完美，而不是单纯地为了露富。选择配饰时还要注意自己的体重（大、中、小），脸型（长、短，曲线、直线，尖、方），服装颜色的冷暖（冷色一般配银色，暖色配金色），服装的风格（现代、古典、简约、繁杂）。有品位的女性懂得让饰品的风格与服装的风格相和谐，并特别懂得用佩戴饰品突出自己身体的美丽和风格的鲜明。

品位大法5

SHOES AND BAGS : STATEMENTS OF STYLE

鞋和包，生活方式的说明书

SHOES AND BAGS：STATEMENTS OF STYLE

品位大法 5

鞋和包，生活方式的说明书

西方人说：鞋是人们生活方式的说明书。这句话是说，如果你研究一个人的鞋，就能读懂她的生活方式。华尔街也有一句著名的格言："永远不把钱交给穿破鞋的人。" 中国人有一句老话说："脚上没鞋穷半截。"这些经典的话都说明了鞋在人们形象中的重要性。

同时，包也绝对是一件举足轻重的饰物。包是一个人风格的宣言书，观察一个人用的包，就能知道她的风格和价值取向。一个严谨的人，包一定是中规中矩的；一个另类的人，包一定是不同凡响的；一个随意的人，包一定是松松垮垮有容量的，既实用又方便。

鞋和包——生活方式的说明书、个人风格的宣言。

让包和鞋与服装相配套，当好最佳配角。

鞋是整体服饰的主要配角

有品位的人无论什么风格，都会小心翼翼地让自己的包和鞋与服装相配套，而不是将包和鞋与服装分开考虑。让服装因为包和鞋而变得更完整和完美，是品位着装与普通着装战略上的重要区别，也就是说有品位的人懂得让鞋和包唱好配角，而其他人容易让鞋和包与服装要么毫不相干，要么喧宾夺主。

人在装饰自己时，应重点突出颈部与头部，因为这是最有尊严和最个性化的部位，这就是为什么男性要戴领带、穿浅色衬衫，女性要戴丝巾和饰品的原因。而许多人因穿夸张的鞋（另类、浅颜色、复杂款式或看上去极大的鞋）和袜子（浅色或者鲜艳的袜子），使别人的注意力立刻被吸引到了脚上，殊不知，这是着装中最应避免的错误。

包也是一样，一个背着过于花哨和热闹的包的人，就将他人的注意力从人的身上挪到包上，削弱和分散了对人的注意，打乱了你辛辛苦苦营造的整体感觉。

鞋的选择

鞋是人的“根基”部分，而且是动态中最活跃的地方，因此鞋的光泽、颜色、硬度、造型、风格，决定着人整体看上去的稳定性、协调性，并决定着装的整体质量。

原料当然是品位的象征

鞋的原料一定要选上好的小牛皮、丝绒、麂皮、闪亮的鳄鱼皮、漆皮，以及一些看上去很高档的合成新面料。

款式一定是唯美的

鞋的形状一定要让女人的脚看上去秀美，腿看上去纤长。听说过“女人的脚是女人的性器官”的说法吗？无论这是不是你的想法，但这足以警告我们，切切不要让你的脚因为不雅的鞋而变丑。试鞋时一定不要仅仅从镜子的前面看，而是前后左右都要看，最好连腿一起观察。因此，买鞋时应尽量着裙装，这样才能看到鞋对整个腿部的影响和牵连。

颜色要遵循基本规律

鞋的颜色最好采用身上服饰的颜色中最深的颜色之一，穿粉色连衣裙最好穿深粉色的鞋或玫瑰色的鞋，而不是白鞋或黑鞋。穿浅绿色连衣裙最好配深绿色的鞋。注意白鞋不是百搭的，白鞋只配白色的裙子或裤子，或图案中有白色的服装；黑鞋也不是百搭的，除非你身上有黑色的服饰，才能穿黑鞋，如黑毛衣、黑裙子、黑大衣，也就是说，你全身上下的服饰中至少有一件是黑色时，你才可以穿黑鞋。此外，和白鞋不一样的地方，就是黑鞋还可以搭深颜色，如黑鞋可以配深蓝、深红、深紫、深绿等色彩的服装，因为这些颜色很深，近似于黑色。但注意黑鞋不能搭浅颜色的服饰，如黑鞋配黄色、粉色、白色、淡粉色都会很不协调（除非是黑色细带细跟凉鞋，因为此时的脚部主要以肉色为主）。

淡粉色服饰配深粉色鞋。

鞋的形状要和身体协调

鞋还有一个重要的功能，那就是用来平衡整个身体的重量，不注意这一点就会因为鞋的形状不对而大大破坏了体形的平衡。

如许多身体中部肥胖的女性却很爱穿细而长尖的靴子，让小腿以下的部分显得很细、很小，这样，她看上去就像一个“枣核”，中间大、下面小，视觉上非常令人不舒适，因为力学上不稳定。另外，还有些女性，腿很细，但喜欢穿大粗厚跟的鞋，这样，看起来腿就更细，脚也就过大，产生“底盘”过重的感觉。有很多腿已经很细长的女性还要再穿高跟的高筒长靴，让两条腿看上去像圆规，身体的中心也显得过高而看上去不稳。

晚装鞋——经典的款式是最佳选择。

鞋最好能修饰脚和脚踝，使脚和脚踝大小粗细的形状与腿平衡，与身材比例协调，不要让脚看上去过大或过小，不要让腿看上去过粗或过细、过长或过短。

鞋的亮度体现品质与风格

正装鞋的亮度越高，就越能让服装有风采、看上去越高档。当然，有些鞋的面料（如麂皮鞋、布鞋）并不亮，它们适合与休闲的服饰搭配。

马靴——可配时尚休闲装。

鞋上的装饰简约较好

几乎是越干脆、利落、简洁、光泽的鞋越显高贵，除非是古典的鞋(如欧洲古代宫廷鞋上的蕾丝和中国古典鞋上的绣花，以精致繁复为美)，鞋上的装饰几乎可以说越啰嗦越显土。但现在市面上的许多鞋装饰着复杂的花、链，一般都显得很不大方和俗媚。

鞋的风格要与服装一致

鞋有各种风格的区别，要注意让鞋的风格和服装风格保持一致，让不同风格的鞋配不同风格的服装。世界上没有百搭的鞋，要把上班、晚装、高级休闲、普通休闲、运动、旅游的鞋、雨雪天的鞋分开来穿。鞋本身带着丰富的文化，就是靴子，也分用于正式装、晚装、休闲、骑马、军队用的不同款式，许多女性穿上班装配牛仔靴，看上去很不对劲。

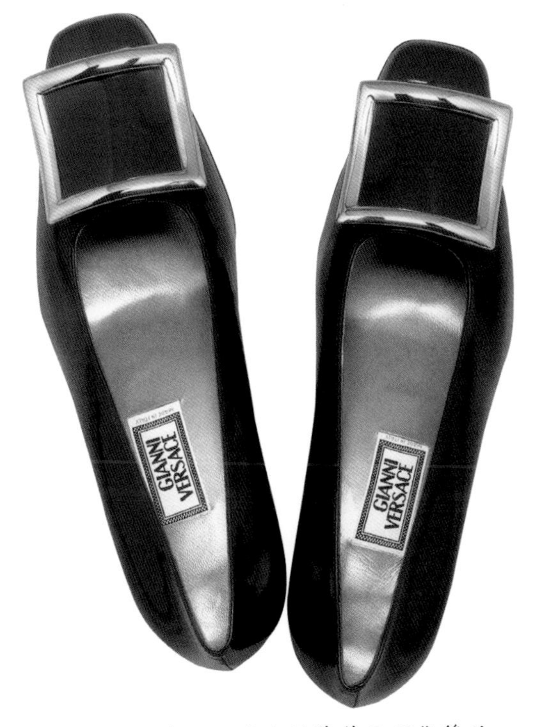

上班鞋——鞋上的装饰尽可能简约。

高级休闲包可用于搭配高级套装。
图片选自《HANDBAGS》一书。

包的选择

买包和买鞋都注意千万不要买太花哨的。太多的人喜欢买特别繁杂的包，上面很多链子、多种颜色，外加大量的拼接，这样的包自身就成了亮点，挂在身上就喧宾夺主了，产生只见包不见人的画蛇添足的效果。这样的包特别难配服装。应该知道，包和鞋本身都是配饰，应该让它们做好配角，才是有品位的做法。除非你一身素淡朴实无华，就靠包和鞋“提气”，一般来讲尽量避免买华而不实的包和鞋。

鞋和包都尽可能做到简洁、大方、好品质、精工精良、采用基本颜色、较少的拼接、大方的金属佩饰、较不明显的品牌标志，并多积累这些基本的款式，以适合搭配各种不同风格的服装。黑色是最实用的颜色，尽可能多买黑色的包和鞋永远不会有问题。

包的颜色

尽可能让包的颜色保持和服装的颜色有相关性，这和选择鞋的颜色类似，略有区别的是，包的颜色不一定选择身上颜色中最深的。

晚装包

穿出你的品位行动5

买鞋

● 品位女人一般都要拥有下列品种的鞋，才能最经济、最漂亮地应付各种场面。

一双经典黑色高跟靴子

一双黑色平底的舒适马靴

一双黑色短靴用于穿裤子（注意短靴不配裙子）

一双黑色晚会用的精致细高跟鞋

一双上班用的半高跟船鞋

一双细高跟凉鞋

一双在都市里走路用的胶皮底的牛津鞋（比穿球鞋要优雅很多）

一双胶皮底的罗马凉拖鞋（夏日旅游用）

● 喜欢穿彩色服装的女性还可以考虑买有颜色的鞋，通常可以买咖色（配棕色、黄色、驼色、米色的服饰），白色（配白裤子、白裙子和任何带白色图案的服饰），红色（配红连衣裙、红短裙和红裤子、红大衣、红毛衣），其次是深蓝色（配淡蓝色系的服饰），玫瑰色（配粉色系的服饰），深绿色（配绿色服饰，特别是淡绿色的裙子和裤子）。

● 在选鞋时尽可能保持经典而避免流行，特别避免极端款式，如大方头、火箭鞋、松糕鞋等。这样的选择能使一双经典的好鞋穿到10年以上。

买包

每个女性都应有几个漂亮的黑色包作为衣橱的基础设施。我们每次在给会员指导穿着时，都发现缺黑包和黑鞋很难使打造出来的形象尽善尽美。

- 一个黑色的简洁、大方、规范的上班包。
- 一个黑色的小而精致的晚装包。
- 一个黑色的男性化的公文包。
- 一个黑色大容量的休闲包。
- 还有几个黑色的外出用的旅行箱。
- 和鞋有近似的地方，那就是棕色的包也是常用的，用来配米色系列的服饰。如你有一个配红鞋的红色包，你就可以用它们搭配特别的衣服（红色套装，黑色、蓝色套装，蓝色、白色、黑色连衣裙等）。
- 都市女性还要有一款咖啡色的包。

帅气的着装搭配粗犷风格的包和鞋。

野性奔放之美：包上的豹纹与上衣和谐搭配。

关于品位的观点

鞋是一个人生活方式的说明书，包是个人风格的宣言书，这两样东西是让一个人的装束上档次的最重要的饰品。因此选择它们时要特别注意品质。既然是饰品，首先注意的就是不能让它们喧宾夺主，具体说，就是避免买本身已经很热闹花哨的包和鞋，而是选择能在暗中支持你的衣服的包和鞋，让你的整体服饰看上去协调。要达到这样的协调，首先就要正确选择颜色（要让包和鞋的颜色是服装的颜色之一），鞋的颜色还要尽量比服装颜色深才好，黑色的鞋和包各种风格都要配齐，以搭配各种不同场合所需的服装。此外要注意选择经典的款式，避免过于新潮。应选择简约的风格、高级的面料，才能历久弥新，而不需经常买新的。

旅行包

品位大法6

WISDOMS IN THE SIMPLICITY AND COMPLEXITY

复杂与简单中的品位

WISDOMS IN THE SIMPLICITY AND COMPLEXITY

品位大法 6

复杂与简单中的品位

“多”中的贵气

我们在公共场合对过往的女性进行了大量细致的观察时意外地发现，尽管许多女性着装干净整洁,但似乎看不出她们有多少雅致和贵气，也就是说，她们看上去就是邻居家的女孩或者阿姨。研究的结论是，这些女性的包装过于“简化”，因此显得不够娇贵。所谓的“简化包装”是指她们身上的服饰件数太少。例如：她们只穿一件上衣，一条裤子,身上再无其他服饰——没有风衣、没有大衣、没有手套、没有围巾、没有帽子、没有饰品，有的甚至连包也不拿。

而现代的优雅女性不会过分简化地包装自己。这是因为现代女性有着丰富的生活，白天是一个写字楼里的白领丽人，在冷气十足的房间里进行紧张的脑力劳动，中午可能为见客户要在烈日炎炎下的楼宇间穿梭，到了傍晚却成了返璞归真的柔韧的瑜伽女子，夜晚又成了晚宴上的女王。有了这样丰富的日程，优雅的女性又善于爱惜和娇惯自己、知冷知热，因此通常会随身多带一些各种备用的服饰（好在她们往往有便利的交通工具），以便在各种场合下都舒适、方便和得体，于是她们的着装不免要比普通人多出一点点层次来。

穿出层次来——就是天冷时要戴帽子、围巾、手套，穿外衣，天热时戴遮阳帽、墨镜、拿披肩（防冷气），在天气不好时穿风衣、雨衣，携带雨伞，并尽量让这些物品有品位。除此之外，上班女性可以提手提箱，戴有阳刚气质的手表，戴有品位甚至是有阳刚气的首饰，而正是这些物件让女人看上去珍贵了很多。因此，想让自己看上去更珍贵吗？“身上多穿点，手上多拿点，脖子上多挂点。”

“少”中的优雅

还有许多女性，她们的着装令人看上去“眼乱”，只见衣服不见人。这并不是因为她们穿的件数多，而是她们喜欢选繁琐的服饰。这些服饰看上去过于复杂，通常因为它们用不同的面料一层又一层地拼接起来，配之各种廉价的人工皮草，镶上一些可怜的不够雅致的亮片，添上几朵呆板的绣花，加上各种古怪而和美丽毫无关系的层次。这样的服装因过多堆砌而导致做作，穿上后让人看起来像一个“行走的鸡毛掸子”。

白色亚麻衬衫+黑色A字裙+黑色船鞋=经典职业女装，春秋季可配温雅的灰色羊绒开衫，简约而不单调。

这样的服饰在市场上出现，是出自没有才气的设计师之手，它们是专为那些品位不够的人设计的。因为这样的购买者都是不愿意花时间自己戴首饰、挂披肩，懒得掌握不同服饰之间搭配原则的人，她们希望寻找一件衣服，这件衣服的特点就是所有装饰品都不需要自己搞定，而是已有人替她配好了放在一件衣服里了。

与这种情况相比，服饰的细节“少”反而显得优雅。

“复杂”地搭配“简单”的单品才美

有品位的女性的战略与此相反，她们不穿复杂款式的衣服，而是尽量将多个线条简单流畅的单品精心地搭配出复杂的层次来。如前所述，她们通过用丝巾、首饰、皮草混搭，用自己的双手将各种图案、饰品、流苏和谐地搭配出来，以营造精美的结果。也就是说，她们擅长用每一件本身都很“简单”的单品，把它们“复杂”地搭配起来。

条纹套装、格纹单肩包，搭配黑色的帽子、披肩、手套、靴子、配饰，在素色主题下展示出丰富的变化。

穿出你的品位行动 ❻

● 有品位的女性尽量不买上面有过多装饰品和复杂层次的服装，而喜欢买经典款式、基本颜色、精良做工的简单服饰，然后自己用各种饰物精心将它们完美地搭配起来。

● 有品位的女性在着装时的件数不会过少，她们尽量穿三件以上的服饰，如套装外面加一件风衣，最好风衣外面再加一条围巾，而不是穿着套装或毛衣直接出门。

● 有品位的女性花大精力准备自己的外套，她们有各种外套用来配各种服饰，如呢大衣配上班套装，牛皮大衣配时尚休闲服，风衣配春秋的上班装，皮草配高级休闲装和礼服，羽绒服配运动服。

● 有品位的女性喜欢戴帽子和手套表达娇贵，如选牛皮手套或羊绒手套配套装，选鹿皮手套配高级休闲装，粗毛手套配普通休闲装。

● 有品位的女性有很多不同款式和风格的围巾，如冬季上班装配羊绒围巾，春夏秋上班装配丝巾或纱巾，晚会装配华丽的丝、绒、纱披肩。

● 有品位的女性穿不同的服装配不同的饰品，身上永远有亮点。

● 有品位的女性在夏天出门前，注意戴墨镜、戴丝巾，不上班时可戴遮阳帽，出门时带包，包宁大勿小。

● 有品位的女性特别注重选择有品位的雨具和雪具（最好选用黑色，以搭配所有的服装），在不好的天气，当他人都狼狈不堪的时候，是她们尽显风流的大好时机。

关于品位的观点

着装的复杂和简单是一个品位的问题，将多个线条流畅的单品搭配在一起，以满足今天女性多种社会活动的场合需求，并表达出女性珍爱自己的感觉，也是一种别致，更是一种雅性。而相反，将一件复杂、没有品位的服装穿在自己身上，而希望省去搭配的麻烦，就会铸成着装水准不够的大错。尽量多买必要的经典简单款式，根据需要而精心搭配出独一无二的、有创意的风格，是品位着装中最重要的技能和诀窍。

品位大法 6 — 复杂与简单中的品位

品位大法7

COLOR HARMONY

服饰中颜色之间的和谐

COLOR HARMONY

品位大法 

服饰中颜色之间的和谐

着装中极大的秘诀之一就是人可以驾驭任何颜色。例如红配绿、粉配黄、蓝配紫等，任何你能想出来的颜色，经过一个有经验之人的手，都可以非常唯美地搭配在身上。搭配颜色最大的诀窍莫过于让这些颜色与颜色之间产生相关性，让它们之间能产生“你中有我，我中有你，携手共进”的效果。颜色搭配的核心是主题明确、颜色集中，否则，再好看的一件件美丽的服饰，单摆浮搁地堆砌在一起，也不可能有任何美感。

颜色集中产生品位，颜色分散导致凌乱

人穿在身上的服饰一般加起来有5~8件，如大衣、外衣、上衣、裙子或裤子、内衣、袜子、鞋子、包、围巾、首饰、手套、帽子、发饰等。这些服饰每一件都可能有自己独特的颜色。但如果它们之间的颜色毫无相关性，衣着的主人看上去就可能不够雅致。如有人穿着红毛衣、蓝裤子、黄羽绒服、黑鞋、白色袜子，戴粉色发饰、灰色手套，露出的内衣肩带还是淡蓝色，尽管她的每一件衣服都有很好的质量而且颜色很正，但因为颜色之间不“对话”，整体着装效果就很不好看。

相反，如你能有意识地创造出颜色集中的搭配，你就营造了品位。如制造红黑主题：用黑西装配红裤子——红裤子

相关法:服饰颜色的整体协调最重要的方面，即让除上下衣以外的其他物品的颜色和上下衣的颜色有相关性。

红黑协奏曲：颜色集中于黑与红，且有图案，打造出丰富而靓丽的美。

上最好有黑扣，或黑西装上别一个红花，并让鞋和包、袜子的颜色非红即黑（如包是红的，鞋选黑色比红色更好，因为鞋最好是身上最深的颜色之一），外加黑大衣或红大衣，黑色或红色发饰，黑色或红色内衣。另外，因为以上都是单色，身上最好加一件带红黑图案的装饰（如脖子上再戴一条黑红花图案的丝巾），这样就形成了一个黑红绝配了，所有的颜色集中于黑与红，且有图案，显得很丰富而靓丽。

为了产生颜色既集中又相关的效果，下面有两条避免颜色散乱的重要法则，请千万要牢记，否则很难达到品位配色的高度。

1．相关性

请让你的鞋和包的颜色是全身上下衣服颜色中的一种，而鞋不仅应是上下衣的颜色之一，最好是取上下衣中最深的一个颜色。这样，鞋和包的颜色就和衣服与裤子的颜色有明显的相关性了，这样的努力就会产生色彩集中的效果。如一身粉色的服装，最好配粉鞋或玫瑰色鞋和粉色包；如穿粉上衣配黑裙子时，最好穿黑鞋（粉鞋为次选，因为鞋最好是衣服上最深的那个颜色），而包既可选粉又可选黑。

2．图案

全身上下最好有一件带图案的服饰。全是单色并不好看，带图案的服饰可以用有相关颜色为图案的丝巾，或用有格条的衬衫，或用有颜色的首饰，或用有图案的包等。这就是为什么男士穿套装时一定要戴领带的原因，因为这样可以避免乏味并增加颜色的丰富性。

图案领导法：这件带图案的上衣可以搭配有相关颜色的下装。

紫色主题：浅紫色长外套，别具温婉素雅之美，紫色花朵图案的丝巾更增加了飘逸，提高了“花度”。

穿出你的品位行动 7

注意相关性

● 每天选好上衣和裙子后（裤子也一样），一定要考虑另外5件服饰的颜色，它们就是衬衣、鞋、包、大衣和围巾，注意让这5件服饰的颜色围绕着上下衣的颜色走，成为上下衣的颜色之一。

注意头上的发饰、脚上的袜子。尽管它们面积不大，但颜色是不可忽略的，尽量不要让它们给你的主服颜色“添乱”。最安全的方法就是发饰只用黑色，袜子只穿肉色或黑色。

常见的使服饰颜色集中的几个搭配方法

1．系列法

全身上下的颜色都在一个色系内变化，如浅灰的条纹上衣、深灰色的裤子、黑鞋，搭配黑色的包、黑色的伞及配饰等。

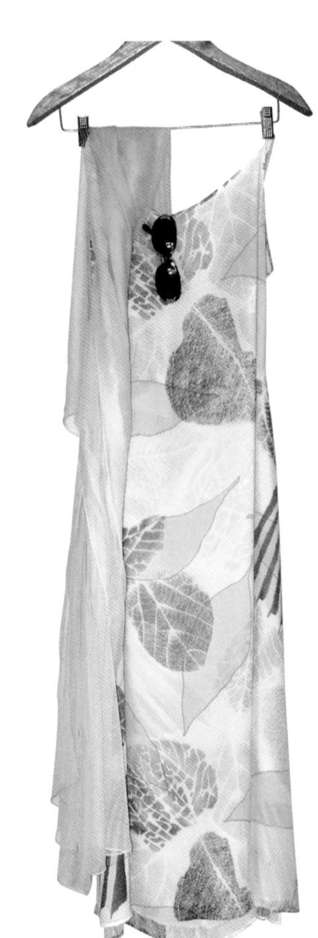

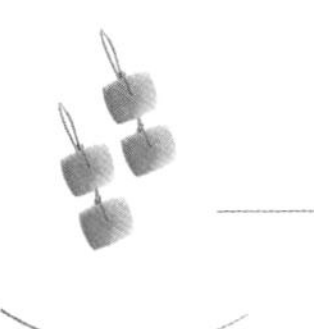

2. 邻近法

赤色和橙色，黄色和绿色，青色和蓝色，蓝色和紫色之间可以搭配。它们尽管不是一个色系，但在色谱中是很邻近的颜色，基本可以考虑是一个颜色，这样的搭配，比同一色系的搭配更显丰富。

3. 囊括法

上下衣可以是任意两种不同的颜色，再搭一件有花色的丝巾或有图案的衬衣，或是能露出肩带的内衣，或是一件饰品，上面图案的颜色要既包括上衣的颜色，又包括下衣的颜色，如果鞋是另外一个颜色，这件有图案的服饰最好还应囊括了鞋的颜色。

4．点缀法

全身上下穿一种颜色时（如穿各种单色套装或单色连衣裙），为了避免这种服饰颜色的单调乏味，可以用一件颜色极为鲜艳的服饰（如丝巾、披肩等）来点缀，此时，原本单调的上下衣就会因此立即“蓬荜生辉”而不再乏味。

5. 镶边法

让你所有的配饰，如鞋、包、皮带、围巾、首饰为一种颜色，而让你的主服（上下衣）为另外一种任意颜色，此时的配饰形成了一个镜框效应，里面的主服为任意颜色都会是一幅漂亮的画。

6．明暗法

不要让全身上下都是深色，否则，整个装束太显沉闷。这就是为什么男性在穿上套装后，里面一定要有一件浅色的衬衫搭配才显得有生气。另外，外套最好和里面的衣服是同一个色系。

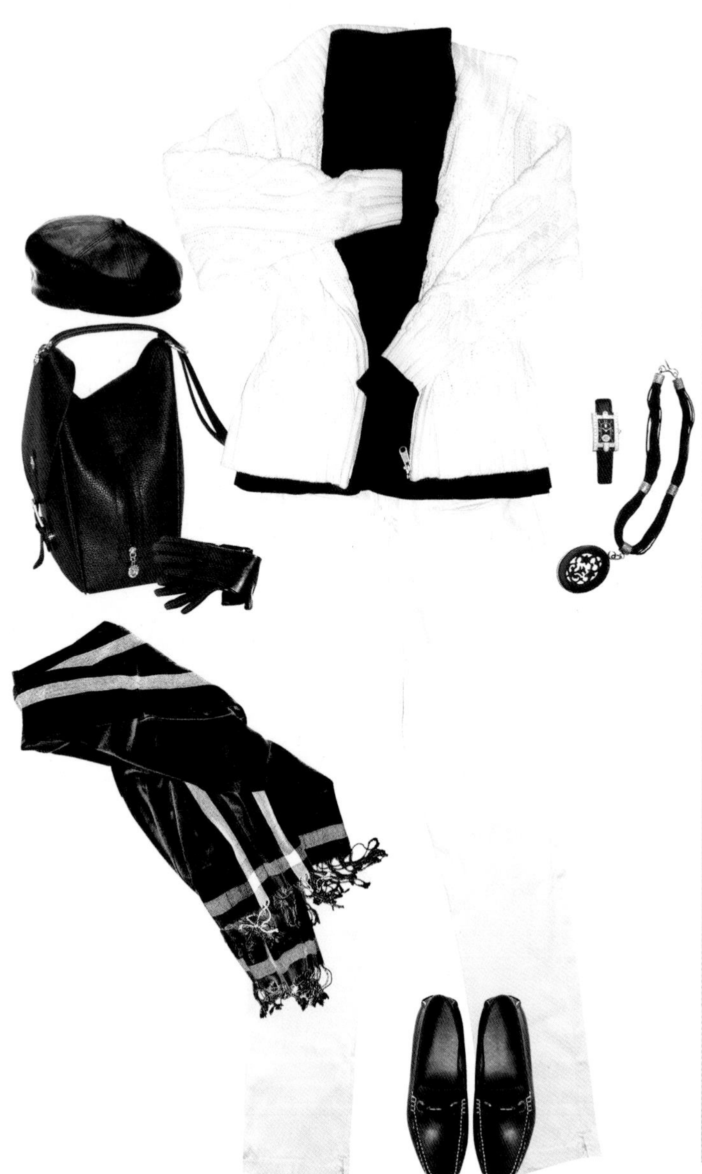

7. 素色法——基本色任意搭配法

素色和素色之间可以毫无顾忌地任意搭配。因为素色是无色系列，因此许多不同的素色在一起也不会“刺伤”他人的眼睛。

8. 黑色法

黑色可以和任何颜色搭配，只要有一种黑色服饰都可以搭配黑鞋和黑包。因此，高雅女性的衣橱应有各种黑色的服饰来和彩色的衣服搭配。

关于品位的观点

人没有不能穿的颜色，只要你善于搭配。搭配的原则就是让全身所有的颜色集中，让颜色和颜色之间互相有个呼应，避免让每一种颜色单摆浮搁。特别常用的使服饰颜色集中的方法就是让鞋、包、大衣、发饰是上下衣中的颜色之一，即让配饰不在颜色上给主服“添乱”；另外，还有8种生活中常用的色彩实用搭配技巧，这些方法一方面可以让服饰颜色集中，另一方面还可以让服饰整体色彩丰富，产生明暗平衡和色彩间相互呼应的效果。

品位大法8

THE ELEGANT COLOR

素淡含蓄出高雅

THE ELEGANT COLOR

品位大法 8

素淡含蓄出高雅

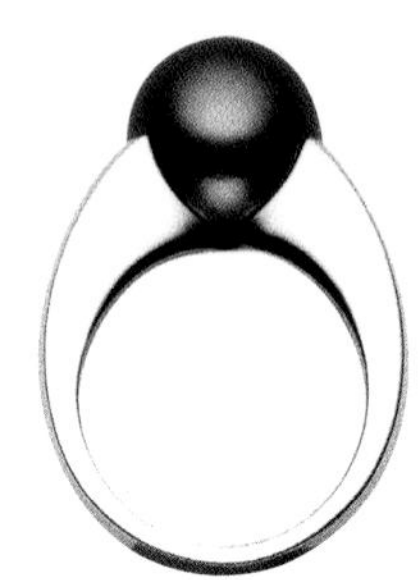

我们经过观察和研究，发现大多数有品位的女性更喜欢素淡恬静的服饰，也就是穿素色、穿杂色（复合色），这样的颜色能穿出一个人的宁静与祥和来。她们不太选择喧嚣的颜色，特别不喜欢穿纯色和太热烈的色彩，不喜欢将大面积鲜艳颜色的服饰混乱地搭配在一起，更不喜欢将各种过于鲜艳的颜色作为外衣来穿。

我认为，将突出服饰的颜色变成突出精致的品质，是品位着装的重要特色。

我们在给会员设计形象时，最常做的一件事就是进行颜色的减法——将外衣从各种颜色的羽绒服变成精致暖和的黑呢大衣；将各种看上去廉价的彩色头饰取下，换成和头发颜色相似的深色丝缎或丝绒头饰；将各种颜色拼接成的包换成简约的黑色高挡皮包；将各种花里胡哨的、浅色的、质量不够好的鞋袜换成高档精致的黑鞋黑袜；全身上下只保留一件颜色鲜艳的服装和突出这件服装的首饰与丝巾。这件鲜艳的服装可以是任何一件，如鲜艳的毛衣，或鲜艳的裙子，或吊带背心，或衬衫，但原则是仅仅一件，其他的服饰都尽可能保持素淡。经过这样改造的女性立即显得高雅、精致、含蓄、无可挑剔。

1. 素色为主——无风险的战略

鲜艳颜色的服饰如不和黑色或素色搭配就很难到位，特别是因为鲜艳的服装往往需要配上相应颜色的包、鞋和配饰，看上去才会和谐与完美。也就是说不经意地全身穿鲜艳色彩的服装，很容易暴露着装人在搭配上的不专业。相反，素色适合所有风格的人，适合所有的场合，因此穿素色是事半功倍的服装战略。即使穿素色出了错，也不会看上去很明显。

含蓄知性的米色：米色套装搭配同色系图案的丝巾、咖色的包和鞋，堪称斯文的最佳写照。

一抹粉色的风景：黑色的基调中，一抹粉色凸显出花俏和娇美的风景。

素色的服饰利用率最高。在素色的基础上，只让小面积鲜艳的颜色占到自己服饰之中的小部分，对大多数着装者来讲，就足够应付日常工作和生活的需要了。多穿素色和黑色以减少颜色搭配的压力，这样就可以将更多的精力投入到让自己看起来更完美的细节上。

2. 素色表达含蓄的风情

服饰的颜色和人的心理活动有着密切的关系。 一般来讲，有文化和修养的人大都是含蓄或情感复杂的人，如大多数优雅的女性说话含蓄、感觉丰富、动作轻敏，她们的服饰也不过分嚣张，这些都和优雅的人谦虚、敏感、情感丰富有关系。因此她们在选择颜色时，也不会用特别鲜艳亮丽张扬的颜色，而会更中意于杂色、混色等含蓄的颜色，特别是以素淡为主的颜色。也是因为这样的颜色表达了一个人丰富的情感和恬静的心情。优雅的人相信自己不需要喧嚣和张扬，也能很杰出地表达出一种淡定自信的生活态度。服饰就像人一样，过于直白就有缺乏文化之嫌。贵气的人将花俏和鲜亮的饰品作为细节，而不是拿它们当“主菜”，特别是不将这些颜色大面积堆在身上。

3. 与环境相和谐

优雅的女士大都是都市文化女性，她们生活在以水泥为基本色调的环境中，并经常遭遇灰蒙蒙的天气。因此，素色和杂色是和她们生活环境最为协调的颜色。而事实上只有生活接近于大自然的人，如乡村劳动、海边度假、高山运动才更适合鲜艳的着装，因为鲜艳的服饰可以和大自然遥相呼应。

4. 改善着装，从品质入手，以提高精致度为目的

很多开始下定决心改变自己形象的女性（或被她们的形象设计师建议），往往一开始就会买一些她们过去特别不喜欢或不敢穿的鲜艳的大花服饰，以为只要穿得艳一些，人自然就美了起来。她们穿上鲜艳的服装后，一般都搭配得很不到位。这样就造成了一种“雪上加霜”的局面——过去的她，在别人看来只是平淡无华了一些，但现在的她看上去就变得有

些“土”或“怪”了。事实上，穿出美好和优雅主要是靠搭配的技巧，靠对整体的考虑和对细节的探究，而不仅仅是改变颜色。大部分女性的着装只需要换鞋、换包、戴帽子、加首饰、加丝巾和披肩、改变发型，而不是大换服饰颜色，也就是从提高精致度入手，而不是改变颜色。换颜色不能改变一个人着装水平的原因很简单——一个人如果连素色都搭配不好，就更不可能搭配好鲜艳的服饰了，结果肯定是背道而驰的。

素色也可以搭配出丰富和层次感：裙上的图案让整体生动起来，深浅的米咖色体现了和谐的层次感。

5. 颜色的搭配需要“专业户”

我们在T台和舞台上看到模特和演员的穿着鲜艳华丽，那是因为T台和舞台上表现的是高于生活的情境。他们的背后往往是有才气的艺术大师，用很多的投入才能把各种艳丽的服饰搭配好，日常生活中的人不一定有条件做到。如果你有兴趣去一些老名牌的服装店看看，你就会吃惊地注意到那里挂的服饰大多朴实无华，颜色乏味。但只有细摸时，你才会发现它们用的都是最名贵的面料、最精致的做工，有着最完美的细节和最好的剪裁。它们看上去一点都不华丽，而穿在身上，就会感到合身、舒适、优雅、低调、百搭。这一点特别是指基本的套装、大衣、风衣等。多积累一些有品质的基本颜色的服装单品，如大衣、风衣、基本款套装，这样的服装战略才能够让我们用最少的钱和时间而看上去更美、更优雅。

穿出你的品位行动 8

● 检查自己的衣橱，看看各类服饰是不是都有素色——黑色、深蓝、米色、咖啡色、驼色，特别是自己最常用的服饰单品应选择素色。

● 黑色，永恒的经典。检查自己是否拥有足够的黑色基础服装，如大衣、风衣、基本套装、常穿的毛衣（开身、套头、V领、短袖毛衣）、裤装（上班裤、高级休闲裤、晚装裤、普通休闲裤，冬季的黑皮裤子），黑色呢裙，各种长度的黑色礼服等。

● 看自己是否拥有各种黑色的鞋，包括：高筒靴、短靴、高跟鞋、中跟鞋、平跟鞋、胶底盖鞋。这些服饰尽管看上去朴实无华，但它们是着装优雅的基本要素。

● 检查自己是否拥有黑色的包：如公文包、上班包、晚会包、旅游包、旅行箱。

● 尽管你有很多黑色服饰，但应避免浑身上下都穿黑（或深蓝色），用自己喜欢的鲜艳颜色和那些素色搭在一起。

● 除了黑色，职业女性夏季的必备服装有米色、浅驼色、淡咖啡、深蓝色的套装。

关于品位的观点

优雅女性善于用最少的钱穿出品位，因此，将基本色作为服装的主调是她们的战略，因为这是一个节约时间和成本的高效战略。她们只将花俏和鲜艳的色彩作为细节与基本素色服装搭配，这样，她们可以将更多精力放在让自己的服装更精致、更有品位、更有档次等方面，研究服装的面料是否考究、做工是否细致、款式是否流畅，使自己的搭配更独具匠心。智慧女性的衣橱一半都是黑色，每种服饰中都有一件是黑色的，有了这样的积累，就能自由自在地配黑鞋和黑包了，她们才可以天天品位无限。

品位大法9

AVOID LOOKING CHEAP AND FLASHY

看上去廉价和俗美，品位的大敌

AVOID LOOKING CHEAP AND FLASHY

品位大法 9

看上去廉价和俗美，品位的大敌

每当我们帮助会员整理衣橱时，都会让她们扔掉一些看上去质量粗劣的服饰。这时她们会说："这件服饰很贵，是某某牌子的。" 此时，我们不得不对花了大价钱却让自己看上去既不够雅致、也不够美丽的女性深表遗憾。

看上去廉价的服饰是破坏女性优雅气质的头号敌人。追求美的女性首先要避免将"档次不够"的服饰披挂在身上。因为一个人着装的考究程度代表着她的社会、经济地位的高低。但是，服饰的品位和服饰价格在一定程度上并没有什么直接的联系。看上去有品位的服饰不一定都是贵的，相反，昂贵的服饰不一定都是有品位的。很多女性错误地认为价格高和名牌就是品位，因此一味地买名牌和昂贵的服饰，但却不善辨别贵气和俗美、精致和看起来廉价之间的区别。

高雅和俗美之间仅一线之隔

据说俄国的凯瑟琳大帝和中国的慈禧太后一件风袍要集多个劳工数年的劳动。这些风袍除了显示至高无上的权威和独一无二的图案设计，还要一针一线绣上去，不仅用大量名贵的面料、华丽的丝线，还要钉镶贵重的珠宝。路易十五时代的蓬皮杜夫人提倡宫廷式的洛可可风格，这种风格奢侈、华美、复杂，是功成名就的女性的钟爱。这些服饰上有许多装饰和点缀，珠片、手工刺绣、金属、蕾丝，这些装饰显示了拥有者的奢华。因为每加一道工序，就需要一道成本和人工，也就更昂贵了一分。复杂的由人工精工细作的服装，是昂贵、富有的象征。

有亮片的服饰，其亮片要足够多才大气。

即便是现在，我们每天仍然能在电视晚会上看见闪亮登场的明星，她们穿着昂贵的礼服，戴着价值连城的珠宝，目的是满足大众对她们梦一样生活的迷恋和渴望。许多著名时装设计师仍然追随着古代权贵服饰的奢华风格，以满足今天收入丰厚、渴望个性张扬的女性，设计制作出不同凡响的、展示精雕细琢功力的时装，尽管其价格令人咋舌，但还是有众多女性趋之若鹜。

好在当今的社会，一个人不会因服饰的朴实无华而被人看不起，比如许多高收入的艺术家崇尚自然，不喜欢过分的人工雕琢，因此他们的着装在常人眼里看来可能是非常简朴的，不过，这样的“简朴”效果所花的时间和金钱往往并不比奢华服饰少。此外，许多人因工作性质严肃，职业环境不允许她们在服饰上表现奢华，尽管她们可能富可敌国，但也不会选择华丽的服饰风格，然而这种简朴绝不意味着没有品位。

刺绣的品质
手工
图案大气、丰满
色彩柔美仿旧

缎带的质感

我在这里想强调的是，如果你喜欢华贵的服装，要注意避免俗美，因为“华贵”和“俗美”之间仅有一线之隔。我希望优雅着装的人要练就一双慧眼，使自己不要堕入俗美的圈套。着装的原则是我们要买“带着贵气的美丽服饰”，而不是买那些“华丽但看上去很廉价”的服饰。

现在市场上有太多粗制滥造的“华丽”风格的服饰，它们看上去很廉价、粗糙，明显是大批量生产的，既没有好的设计，也没有好的做工，显然是低劣的赝品。我们认为穿这样弄巧成拙、不到位的服装，还不如穿返璞归真的、朴素的服装更好。

朴实的服饰不等于廉价，更不等于没有品位和“土”。 而华丽的服饰不等于品位、昂贵、有档次。无论一个人选择奢华，还是选择朴实自然，都是为了突出个性，这无可非议。但是，如果一个人穿着得看上去“廉价”、具有“伪奢华风格”，就会产生东施效颦的可疑。因为这就好像时刻在说：“尽管我渴望当物质女人，但我财力不够。”

在朴实自然中彰显品位与个性。

穿出你的品位行动

● 观察款式：过分简单、过于守旧或毫无创意的款式，都是低价位的象征。反之，很多过分复杂的层次和剪裁、过多的装饰与拼接的服饰，并没有达到美好的目的，也同样是低价位的象征。以上都说明制衣人在试图节约成本而应用了廉价的原料、辅料，或制作中没选用优秀的设计人员，没有好的加工厂、没有追求细节的完美。

● 对面料有感觉：追求服饰的品位首先应该能识别面料的特点和质量，请认真学习下一章。

● 绣花装饰：多留意服饰上的刺绣，能辨别人工手绣和机绣的区别。一般来讲，刺绣的面积越大、越自然、颜色越古朴就越显贵气；相反，越小、越呆板、颜色越新鲜越显小气。

● 皮草装饰：对有皮草装饰的服装，要选真的动物皮毛或者看上去像真皮的，而不是一眼看去便知是假的；宁愿皮草在衣服的里面，比在衣服外面更显得贵气。对那些镶皮

蕾丝的质地图案都有高下之分。

草的外衣要特别注意皮草的质量，如果看上去太假还不如没有皮草装饰更雅致（那仿佛在说“我穿不起一件皮草，只能镶个假边”）。一般来说，皮毛越丰盈、面积越大、越亮、越少拼接，就越显高贵。

● 亮片装饰：大部分有亮片的服饰都易显得俗美，特别是毛衣、T恤衫、套装上镶几颗可怜的小亮片组成一个小小的无创意的图案，往往不显品质，而大面积的人工绣珠是华贵服饰的象征。

● 扣子：有的扣子精致优美，能够给服装增色不少，如贝壳、牛角、铜扣就显得有品位；而不和谐的大塑料扣子就显俗。

● 蕾丝：质地最好是丝质的，或者看上去接近丝质的；蕾丝的图案大气、丰满、浪漫更显档次，而一块块图案很呆板的那种则显得匠气。

● 缎带：质地最好是丝质的，或以丝为主、略掺一点化纤。

● 衬里：服装内没有衬里、半衬里、用化纤料做衬里、或做工很糟的衬里，都是廉价的象征，好的服装（夹服）一般衬里都是天然面料，最好是用丝与缎。

珍珠紫灰色的绉绸面料诠释出低调的奢华，打造出优雅华贵风。

增加品位的学习

- 多参观博物馆，特别留意古代的宫廷服饰和室内装潢，大多数今天的奢华服饰都是古代宫廷服饰演变来的。

- 经常光顾好的商店，尽管可以不买，也要多看、多试、多摸。一个人看得越多，试得越多，也就越有经验。有了好的眼光，到哪里都能“淘”出好东西。一般来讲，最贵的服饰很难太丑，很廉价的服饰很难美好，但介于这两者之间的大量服装的好坏往往和价格是没有绝对关系的。因此能否穿得雅致、到位，完全取决于一个人的品位。

- 多看时尚杂志的图片，特别是服装品牌的广告页，往往是品牌中最成功、最精致和最时尚的设计。尽管时尚杂志中的服饰对大多数女性来讲是高于生活的，但多看多学我们就能开阔眼界、增长品位，就像一个搞艺术的人，要经常看各种艺术作品。看时不仅用眼睛看，还要用思想看，要多问“这张图片为什么好看？”不要仅仅将你的注意力停留在美丽模特的脸上和身上，而要放在服饰上，注意颜色、款式、细节，包括包、鞋、首饰、发型等。你会惊奇地发现，许多好看的画面是因为“人”美，而不是衣服美。有经验的人绝不仅仅被美人所吸引，而是被服饰的魅力迷住。

● 高级社交活动是华丽服装的展示场所，在参加这类活动时，多注意和研究那些有品位的女性的服饰，以提高自己对奢侈服装的把握能力。

● 持谦虚和开放的态度：我们每个人都不可能是世界上最有品位的人，天外有天，人外有人，总有人比你有更好的品位。美是发展的，10年前的时尚，今年看来就是“老土”了，因为人类对美的探究每天都在向前迈步。而只有通过不断的学习，开放自己的审美意识，才能不断发展我们的审美观点。希望自己优雅的人一定要带着敏锐的眼光到处搜寻美，而不是固执地坚持自己固有的审美观点，不肯与时俱进。

● 要多研究身边穿得好看的人，注意好看的服饰都具有哪些特点？美在哪里？它们的细节、面料、款式、颜色、搭配都有哪些特点？它们和穿衣人是怎样的关系？遇到着装美丽的人，不要仅仅停留在羡慕的情绪中，而要问自己：为什么穿在她的身上如此好看？我还能从她身上学到什么？

● 触类旁通：大自然的美、室内装潢、古董、好的建筑、电影、艺术品、音乐都能给人美的灵感。其实，世界上一切美好的东西都有共性。因为它们都不外乎原料本身的价值、造型的美、比例的美、色彩的美、光泽的美、力学和重量的和谐、细节的完美。因此美是相通的，你可以借用你在其他领域里的审美品位来了解服饰的品位。

● 自信的态度：自信的态度对一个人的美好着装是至关重要的因素。很多人着装不好，是因为不相信自己的穿法是对的。因此她们见别人穿什么，自己就穿什么，她们很少注意自己的体形、气质和别人的不同，忽略了自己天生的、独特的美，缺乏表达美的激情。事实上我们每个人天生都有审美观点，好的服饰是看得见、摸得着的。形象学毕竟不是分子生物学，镜子里的你不美就是不美，这不是神秘不可测的。审美观点就在你心中，因此，不必盲目抄袭和仿照他人，精心雕琢自己心中的美女就是品位女性的擅长。

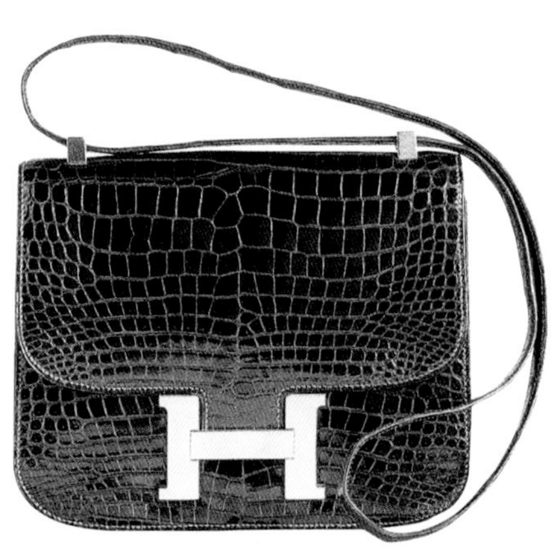

关于品位的观点

有品位的人散发着高于生活的气息，因此穿俗美的服装会破坏优雅女性的气质。品位女性自尊自爱，绝不将自己用粗制滥造和廉价的服饰包装起来。看上去精致与否和价格并没有最直接的关系。你的品位决定你着装是否高雅。看起来廉价和俗美的服饰是由综合原因构成的，主要原因是制衣人希望降低成本，而采用化纤面料或染织不好的天然面料，粗制滥造的手工，不到位的细节，不够精致的装饰品，用无水准的设计师而导致过时的款式使服装毫无新意和特色、或俗美的款式使服装弄巧成拙。学习高雅着装的人第一件事就是学习品位，这种学习包括关注时尚，经常用心阅读服饰杂志；参加专业的培训；多去精品店观摩；多试；多从着装有品位的人身上吸取经验。

优雅中暗藏华丽的金丝绒面料，中国风元素的盘扣和流苏，打造出别具一格的英伦骑马装。

品位大法10

MESSAGES IN THE FABRICS

面料中的优雅

MESSAGES IN THE FABRICS

品位大法 10

面料中的优雅

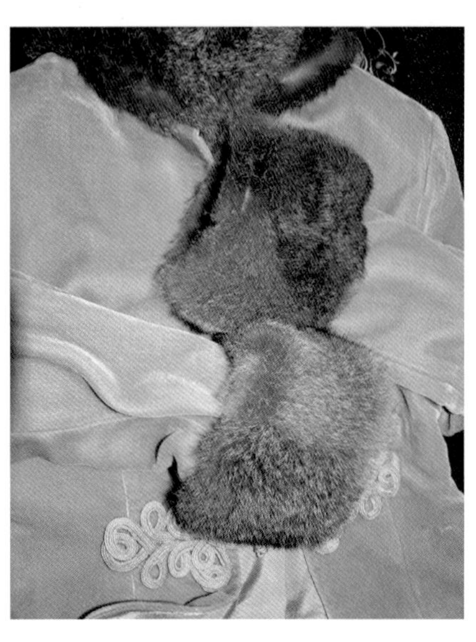

服饰的品位很重要的方面来自着装人对面料的敏感。任何一个希望着装高雅的人都要学会识别面料，就像会做饭的大厨必须懂得原料一样。面料是服饰档次和品位的最重要因素之一。面料有自己独特的语言，需要着衣人掌握。

常用的高级面料包括:

料中白金——皮革：如小牛皮、鹿皮、漆皮、鳄鱼皮、蛇皮、麂皮、小羊皮等；皮草：如貂皮，猞猁皮、海獭皮、狐狸皮等。皮革的质量判断：光泽柔和，手感丰润，毛孔细小，没有瑕疵，着色均匀；皮草的质量判断：毛针丰满丰厚，垂感和流动性好，有好的光泽，接头越少越好（若拼接特别巧妙自然也是可以接受的）。

料中黄金——开司米（也叫羊绒）：人称面料中的“黄金”，开司米的针织品俗称“羊绒衫”，但开司米也可以制成呢制面料用于套装、大衣。开司米柔软细腻，光滑柔顺。不易起球、厚而轻盈、时尚款式的羊绒衫可以极为昂贵（遗憾的是中国市场上有太多好羊绒却被做成陈旧平庸的款式）。任何人穿上设计考究的羊绒制品都会立即显现出服饰的品质。

料中白银——包括丝绸、软缎、雪纺、织锦缎等（不含化纤成分）：它们是桑蚕丝织品，奢华而古典，是高贵男女特别钟爱的面料。一般都需要干洗，因此也是生活优越、闲适的象征。这些面料特别多的用于高级休闲装和盛装晚会服装。上乘质量的软缎还经常被制成丝巾。很多名牌丝巾之所以昂贵，不仅因为其印染图案设计考究、装饰性强，还因为所用的软缎细腻柔软有光泽，同时不失硬度，打出的花样成型不软塌，不易出褶。

料中钻石——丝绒：好的丝绒不仅非常滑顺、有型、不易起褶，用它制成的衣物发着柔和迷人的光泽，高贵雍容，是成熟高雅女性特别喜欢的面料。丝绒质量判断标准为：垂感良好、不易起褶、光泽柔美。需注意现在市面上很多丝绒是有弹性的，说明含很多化纤成分，混纺丝绒往往不如纯粹的丝绒显高档，因此一般用来做时尚装而不是经典作品。丝绒的缺憾是容易倒绒。需要干洗。

料中公主——由蓖麻蚕（而不是桑蚕）吐出的丝织成的面料在中国被称为山东丝、贡缎、泰国丝等，这种面料富有光泽，比中国的杭州丝绸和双皱要挺括有型，但比锦缎看上去朴实柔和。因为有一定的硬度，呈现出一种时代气息，可以用来做高级套装。需要干洗。

料中雅姐——细羊毛制成的各种精纺呢：这种呢细腻、轻薄、垂感好、有型、光泽柔和，常用来制作高级套装（职业装）、呢外套，是优雅男女喜爱的实用面料。需要干洗。

该面料由绣珠串成，穿时沉甸甸，但华贵且动感流畅。

高档服饰里外面都很考究，此衬里的面料也是丝制，且颜色和外面料搭配协调，袖口用的是提花丝绸,颜色和里外类似,但图案有别。

料中浪漫之星——纱：经常用来制作女性的连衣裙、上衣、纱巾、披肩、礼服等，该面料作出的服饰散发着柔美、精致、浪漫的风情。好的纱料的判断：不易起褶、垂感好，这种有质感的纱有时可能会混有小部分化纤；纱中一种昂贵的产品称重磅纱，该面料是用很多股丝织出来的纱，具有垂、厚、柔、有光泽的特点，穿上优雅潇洒、含蓄高贵而不张扬，舒适至极，但极难打理。一般情况下，需要干洗，一旦染上油点，就很难去掉。

料中潇洒公子——亚麻：虽然容易起皱，但也很显档次。因为看上去很回归自然，穿上非常舒适，经常被用来制成春夏装中各种潇洒的高级休闲服，也常用来做高级餐厅的桌布、高级睡房的床上用品。特点是柔软、垂荡、有极好的透气性。白色的亚麻越洗越白。但缺点是容易起褶、娇贵，每次穿时都需要熨烫。一般情况下不必干洗。

百吃不厌的家常菜——咔叽布、斜纹布、帆布：以厚、结实，同时兼柔软为上品；灯芯绒：以不黏附棉纤、柔软还能成型的为上品，用于普通休闲、运动、劳务服为主。棉布：以双股的高织棉为上品，这种棉柔软又有型，看上去有通透性，甚至就像化纤面料中的“的确良”，但穿在身上感到舒适、透气性好、色泽鲜亮，常用来做上班装中的高档衬衫。相反，质量不好的棉都是硬厚且不舒适、通透性不好、易出褶、易褪色、缺乏光泽、颜色不正、易显旧。人造棉：天然纤维，柔软舒适，但不够有型，常用于制作普通休闲装、居家服、潮流装，物美价廉。

此外，越来越多的人工新型面料不断问世，好的人工面料非常接近天然面料的优良特性，如透气性好，散发着柔光，并有抗皱功能。加之高级的纺织工艺织成的各种提花的纹理、图案、装饰，也可以显得很上档次。特别是它们满足了人们快节奏的生活需求，无需经常熨烫和干洗。但从舒适性来说，目前还没有人工面料能和天然面料相媲美。

好面料和差面料

纯天然面料不一定都是好面料，同样是纯毛、纯棉、纯丝，做出来的布料质量与档次之间就有很大的区别。如：不同品种的羊、或者羊身上不同部位的毛的价值不一样；又如棉桃不同部位的纤维质量也不一样。辨别原料需要掌握相关知识、理解面料精髓、长期积累经验。

除了原材料自身的原因，纺织的工艺不好，染色的工艺不到位，都可能破坏面料的质量。

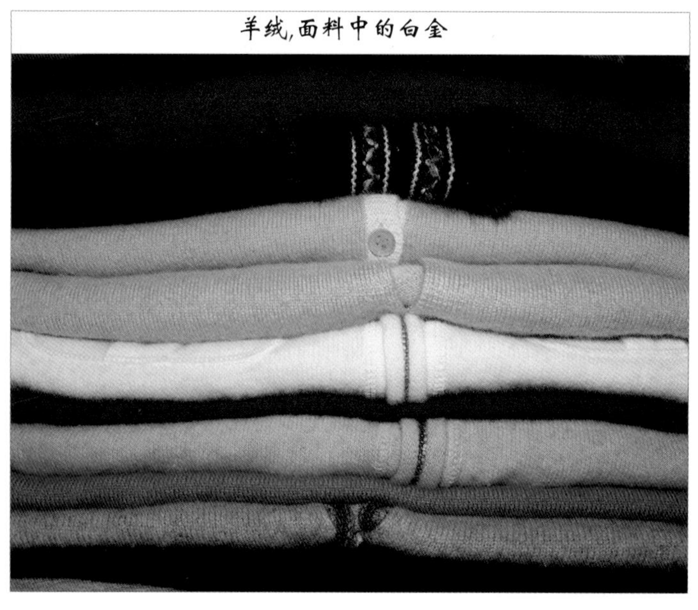
羊绒,面料中的白金

一般来说，好面料看上去很柔美——印染均匀、色彩和图案漂亮大方，发出令眼睛舒适的光，而不是那种刺眼的金属般的“贼光”，或无生气而呆板的“死光”；摸上去很柔顺，不易起皱；穿时有很好的垂感——具有飘动性和流动性，但做出的服装不是软塌塌的没“劲道”。即使是轻飘飘的质感，穿在身上也能成型，而不是让穿者“原形毕露”；好面料穿时令人感到它们在为你的皮肤按摩，具有良好的透气性，能让皮肤轻松地呼吸，不像穿雨衣一样令人感到憋闷。即使是挺括厚重的面料，也应该是看着笔挺，但穿在身上并不像穿着木板一样难受、不自然，而是能随着身体的运动配合默契地流动着。这些“好品质”往往对大多数面料的判断是非常有用的指标。

有些微妙的感觉真是很难用语言来表达，关键是当你开始注意到它们时，你很快就会获得这方面的经验。希望追求优雅的女士要从现在开始观察你选择的服饰面料，特别是自己衣橱中最常穿的基本服饰，如大衣、基本套装、基本礼服，应尽量购买好的面料，使自己看上去高雅、有品位。要学会理解面料表达的语言，柔美还是干练？潇洒还是恬静？学会凭借它们准确地表达出自己的“潜台词”。

穿出你的品位行动 10

注意：以下内容只涉及一般服饰，不包括劳动装和运动装

● 买服装时别忘了先摸摸，感受一下面料的质量。允许时将面料贴在手心或脸上，如果感到面料很柔软，和皮肤很有亲和力，就是好的选择。

● 一般来讲，面料弹力越大，含化纤的成分越多。

● 一般服饰的标签上都有成分说明，最好选择天然成分超过60%的面料。

● 注意面料的光泽。如面料无光泽，或发出金属般刺眼的“贼光”，或发出呆板的“死光”，大都不是天然面料。

● 用力攥一下面料，好像永远不可能出褶的一般是化纤；太易出褶的往往是织得不够紧致、不够好的天然面料；而不易出褶、但用力攥会出细褶的一般是纺织较好的天然面料。

● 学习面料的语言：
表现雍容华贵：应该使用皮草、丝绒、绫、罗、绸、缎，穿这类服饰就能立即展示自己的经济实力。
表现权威、尊严：各种厚呢、精纺羊毛等有型的面料。
表现典雅、精致、含蓄：精纺薄呢、羊绒、精纺棉布、纱、鹿皮、麂皮等。
表现浪漫的女人味：纱、雪纺、薄棉、小羊皮、麂皮等。
表现性感：漆皮、鳄鱼皮、鹿皮、麂皮、软缎、有弹力的纤维。
表现随意、朴实：咔叽布、粗布、粗呢、棉布、牛仔布、灯芯绒等。

● 经常观察品牌服装店，摸一摸、试一试、看一看面料。一线品牌的服饰，往往用高级面料，很少不用最好的面料，但非著名品牌往往不太可能用最好的面料。

精致性——对价值的敏感
面料和工艺的评估能力

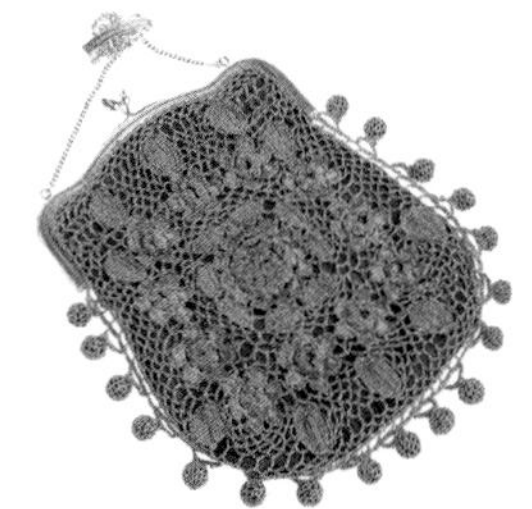

关于品位的观点

优雅的女性选择服饰时特别注意服饰的面料，并将其放在关注的第一位。因为好的面料让穿衣人有档次、优雅、有风度，穿在身上感到舒适。优雅的女士还要学会了解面料后面的文化，要学会善于根据时间、地点、场合和自己的个性，选择适合场合和角色的优良面料。学会各种面料的辨别离不开多摸、多观察、多感受，实践是掌握面料知识的关键。

品位大法11

THE CLASSIC ELEMENTS

复古——
优雅人士爱古风

THE CLASSIC ELEMENTS

品位大法 11

复古——优雅人士爱古风

自古文人都怀旧，可能是因为一个人读书多了，就会知道古人很了不起；一个人事做多了，就理解了要想超越古人并不容易。特别是当我们有了很多生活经验和文化积淀，就会深感前辈、古人、传统文化的伟大。这会使人不由自主地感到，我们无论做多少努力，都只不过是踩在巨人的肩膀上推动了人类文明一点点。

因此，有品位的人喜欢服饰中的古风，但优雅而有文化的人绝不穿过时的服饰，古风不等于过时，过时往往和无创意、思想停滞保守有关。品位人士更喜欢的是把古典因素和具有时代感的服饰完美结合起来。因此，想有品位吗？让自己的服饰带点古代文化的元素吧！

简单地穿上古旧的服装，或将古典的面料进行了现代的剪裁，并不一定是品位，而在现代的服装中巧妙地融入古风，如现代面料加工成古典的款式，佩戴古典的饰品，现代服饰上缝一些古老的绣片、钉上古老的扣子，往往能够显示出品位。

追求古风着装的原则是：不穿原汁原味的古装，而一定要古典和现代交相辉映、达成平衡，这是高雅着装的重要思想；切忌严肃职业的上班西装

与中式服装混搭；切忌古风服饰的面料或细节不考究，穿粗劣廉价的古风服装是对古人的不敬， 因为一个人对此类服饰的需求量不大，所以要选择经典和高质量的。特别是生动的刺绣图案，是一件上等古风服饰的重要标准，如果刺绣能惟妙惟肖和别致优雅，那就可称是极品了。

穿出你的品位行动 11

● 每个人都应该拥有一件古香古色的服装，或是用于高级休闲场合，或是作为小礼服。

● 在选择古风服饰时，要注意面料的品质，化纤面料和古风服饰非常不协调，特别是成熟的女性一定不要穿化纤面料和做工粗糙的古风服装。

● 如果面料特别古典，样子就要现代一些；如果款式特别古典，面料就要现代一些才和谐。

● 现代人最好不穿一身古风服装，穿旗袍时尽量不穿绣花鞋，甚至无需束盘头，以避免老气，而应该穿高跟皮鞋，戴现代表，束飘动的发辫，否则显得非常没有时代感。

● 个子高大的女性应着分身的古风服装，如上衣是中式的，下面就要穿一件现代风格的飘逸的裤子；如果下面是古典风格的裤子，上面一定要着一件现代派的上衣才平衡。

● 女性一定要有一两件精致的、最好是黑色的旗袍或中式上衣，在晚会上或节庆时穿。绣花的中式上衣是中年女性特别钟爱的，这样的上衣最好与各种飘逸的黑色长裤、黑色高跟或半高跟鞋搭配。

● 古香古色的服装适合高级休闲场合，不适合上班穿，更不能与那种中规中矩的、不飘逸的西装裤搭配。

● 古香古色的首饰要注意质量，粗制滥造和明显廉价的原材料不可取。

关于品位的观点

文人喜古风服装，“古风”不等于“过时”和“老旧”，但穿古风服装时必须穿出“雅”来。首先要注意面料的考究，绣花的图案一定要生动（不是呆板和死气沉沉的），做工一定要精致。全身上下都很古并不一定好看，衣服如果古典，鞋和发型、配饰尽可能要现代才和谐。古风服装特别不适合上班穿，更不适合与西服裤相配。

品位大法12

SEXY ELEGANCE

优雅的性感

SEXY ELEGANCE

品位大法12

优雅的性感

过于保守和过于暴露都是不自信的表现——着装过分保守的人，让人感到她对自己的身体毫无自信；着装过度暴露的人，令人感到她对自己的人品魅力不自信，需要用身体吸引他人的注意；而适当的性感永远是优雅和品位的宣言书。

高雅的性感不一定是暴露。

1. 高贵的性感是平衡的

西方女性的古典礼服通常是低胸的，但同时下摆很大，将腿和脚全部盖住；中国的旗袍下半身腿露得很多，而将上半身（脖子和胸部）盖得严严实实。这两种服饰都是高雅性感的典范，因为它们有性感和端庄完美的平衡。

2. 暴露需要理由

有一次，美国的媒体刊登了这样一则消息：一群脱衣舞女郎对自己被拘留很不满，她们不理解为什么自己并不比芭蕾舞演员穿得少，然而芭蕾舞合法而自己不合法。

芭蕾舞演员的确穿得很少，但这是因为剧情和动作的需要。芭蕾舞剧的音乐、动作、舞台布置等一切都是优雅的，穿得少是为了更好地展示腿部的动作，有着美好的观赏性。高台跳水的运动员也穿得很少，这是因为运动的需要。另外，当一个女性特别注意锻炼，有着黝黑的皮肤和结实的肌肉时，穿短裤和背心也显得很自然，很明显，这种暴露是为了运动方便。相反，将细嫩雪白的腿展示在街头巷尾，再穿上不舒适的高跟鞋，既不矫健，也不动感，原因只有一个——那就是诱惑，这样的装扮就显得不够雅，有风尘女子的嫌疑。

3. 性感职业和非性感职业

服装杂志上的明星模特可以穿得很少，为的是吸引他人的注意，以展示服装的亮丽和突出演员的美，看后让人难以忘怀。而一个从事普通职业特别是从事严肃的职业的人，如银行家、教师、企业领导者、政府官员、服务行业从业者等，上班时袒胸露背就有不雅之嫌。而有关时尚、演艺、艺术、运动、形象设计等行业的从业者，人们对其着装的性感尺度持较为宽松的态度。

4. 性感场合和非性感场合

酒吧、迪厅、流行音乐会、舞厅、健身房、影院、周末时尚休闲场所，特别是年轻人成群出没的公共场合，时尚的旅游景点，都可以是性感服饰的展示场所。而学校、博物馆、展览馆、政府机构、公检法系统、大型企业所

优雅诗意的性感

浪漫绮丽的性感

在地、医疗单位、敬老院、农村、基层单位等场合都应避免着过于性感的服装。

晚宴是一种高于生活的场景，女性在此处亮相，将自己打扮成出众的公主无可非议，在这种情况下，越隆重，灯光越暗，越可露得多，而在日常的工作中，特别是非周末的白天，工作时工作人员应该以严肃和适合自己的工作着装出现。任何多余的暴露都是自找麻烦。

5. 年龄与性感

年龄越大，直接的性感越要少，着装应该更加含蓄。

穿出你的品位行动 12

- “露”应该不被人看出是刻意的，而是含蓄的、自然而然的:如不经意解开的上衣领子最上面的扣，不经意敞开的外套，不经意露出的腿的一侧。

- 30岁以上的女性不让自己的腿露到膝盖以上三寸，因为我们的肌肉和腿不再那么健美了，因此，要逐渐将自己的着装战略从“青春活力”转变到“高贵优雅”。

● 用联想取代直白：优雅的人希望增加自己的性感，但又不希望这种性感表达得过于直白。使用如下几种方法可以让自己的性感更为优雅——

a. 女人的脖子是优雅的性感地带，让自己的脖颈露出来，再通过丝巾、首饰来修饰。

b. 让自己的腰和臀部曲线凸显出来，不要让服装的腰部太肥，买来的衣服可以让裁缝帮自己将腰部收一收。理论上说，穿上衣服后，用手捏起腰部的面料，如每侧能拉出1~2厘米就是合适，否则就太肥了。腰部收紧了，臀部就圆了，女人就性感了，这种性感比暴露自己的胸和腿更优雅和有诱惑力。

c. 对腰不是很瘦的女性来讲，可以将衣服的腰身紧收到胸下的部位，因为那是全身最瘦的部分。

活泼的性感

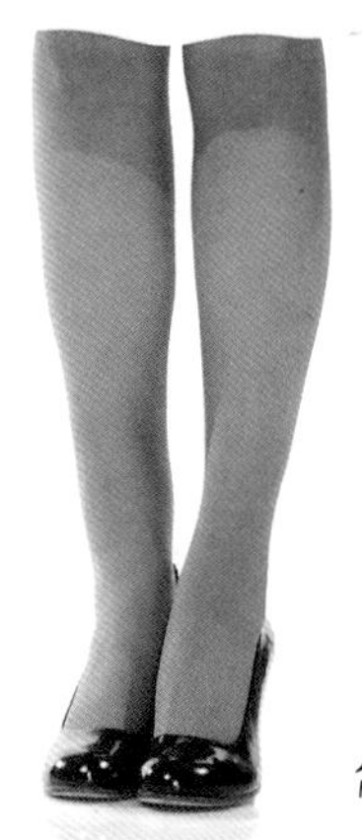

简洁精致的性感

d. 脚和脚踝表现性感：女人的脚和脚踝是特别性感的地带，因为那里让人联想到了腿。无论是东方还是西方的观念，都认为女性的脚是性器官，正因为如此，欧洲古代的高跟鞋和中国古代的裹小脚才应运而生。要让自己的鞋尽可能对脚起到修饰作用，以使自己的脚和腿看上去修长。脚的长度与小腿的粗细呈合宜的比例， 脚面高耸、脚和腿之间角度的曲线合适。

因此，成熟女性应避免粗犷的鞋、大厚跟的鞋（让我们的脚看上去像木墩），太长的鞋（脚看上去像航空母舰），太浅颜色的鞋（脚看上去过大）等等。

e.袜子的性感:要用高弹力、高度透明、透气性好的、颜色要能修饰自己皮肤的袜子。穿有图案的连裤袜、珠光袜是高级休闲场合的选择，但要注意不要将这类袜子与上班套装相配。

f. 女性要让自己的手有魅力:女性的手和指甲，都要修理得干净、漂亮，别忘了，手是女人的第二张脸。

关于品位的观点

高品位的人是含蓄的、自爱自尊的，“适度”永远是品位的代名词。她们不会过度地用自己的身体来吸引他人，优雅智慧的女人懂得异性是有想象力的，不需要过多的“帮助”，他人就能感到你身体的魅力。有品位的女性充满神秘感，从心理到身体，都给人以大量的想象空间。平衡你的性感，注意职业的要求、场合的需要，年龄的限制——优雅女人施展性感时永远能把握分寸。

略带神秘的性感

品位大法13

HAIR STYLE: THE DECLARATION OF YOUR PERSONALITY

发型见品位

HAIR STYLE: THE DECLARATION OF YOUR PERSONALITY

品位大法13

发型见品位

头是高贵的，品位女性应该是自己“高贵的头”的捍卫者。

遮还是露?

一般来讲，但凡有风度和自信的女性，无论她们的额头长得多么不标准，都不喜欢将自己的额头部分遮住，她们更喜欢将头发向后高高地吹起，让自己的前额肆无忌惮地露出来，这显示了一个人对自己的脸的自信。高贵的女人永远不嫌弃自己的额头。如果你的额头不是世界上最理想的，千方百计遮盖，也只能是“此地无银三百两”。

乱还是板?

千万别让自己的头发剪得过于古板，像戴了一顶帽子；或者蓬乱到了一点“韵律”都看不出。现在尽管流行乱发, 但是懂行的人看得出，好看的时尚的头发是乱中有序,而不是“胡乱”，就像穿宽松式的服装不等于穿不合体的衣服道理一样。胡乱将头发系在一起，甚至将这种乱发和各种庄重的服饰搭配，给人的感觉不是时尚前卫，而是不舍得花钱去高级理发店做发型的感觉。高雅女性的头发是以整齐为主，但不失流动感、飘逸感、韵律感和动感；如果要“乱”，是乱得有理，是一种精心的乱，而不是杂乱无章的“乱”。

染还是不染?

我们中国女性的头发大致分为浓黑、深棕、浅棕、银灰。许多年龄偏大的女性习惯于将头发染得过于乌黑，看上去既沉闷又显得假；还有许多年轻的女性将头发染得过于金黄。这样的做法使自己看上去过于人工或夸张而不够高雅。请记住, 明显的刻意和不自然让你与优雅无缘。

头发的颜色应该和自己的眉毛、瞳孔的颜色相符合，脸部才显干净，也好搭配服装——因为深色毛发配深色衣服好看，而有深有浅的毛发搭配服装时无所适从。眉毛重而深的人可以将自己的头发染得黑一些, 眉毛和瞳孔颜色透明而浅淡的人适合将头发染成棕色， 眉毛已呈银灰色时要把头发也染成银灰色。喜欢活泼而前卫风格的女性可以到有水准的专业发廊进行挑染。烫焦了的头发和分叉的头发要尽快剪去,因为不但看上去不雅观，它们也不能起死回生，反而剪后的头发还会很快长起来。

盘还是剪?

头发质地很软的人应将头发尽量留长，然后可以盘起，或系成马尾，或吹卷蓬松，根据不同的生活场景随机处理。头发做出各种造型并不那么难，你需要有一款很好的发胶，很多结实的小黑发夹，大胆地做出各种适合

优雅古典的发型，与上衣精心搭配的发带，营造出名媛风范。

自己脸型的发式，用发胶和很多卡子固定起来，这是发型师擅长的手艺，我们每个女性都应该是半个发型师。发质较硬的女性适合剪成固定的发型。

谁动了我们的头发

一定要去专业的发廊剪发，高级饭店的发廊经常云集着有国际水准的发型师，这笔钱花得值——因为头发是分分秒秒常相随的一款“服饰”，一定要剪出“名牌”的感觉来，才能让你所有的衣服都好看。坚决不要把自己宝贵的头发随便交给一个理发师处置，并不是在别人头上好看的发型在你的头上也好看，不是世界上所有的理发师都有好品位，相当多的理发师品位平庸。因此，品位女性应该了解自己的风格、脸型的特点，清楚地指导理发师如何打造自己的发型，而不是听之任之。

发饰中的品位

人的脸和颈部的美应该是从头到脚最重要的环节，不要用不高雅的发饰破坏头部的美好，也就是说要让你的发饰和你头发的颜色保持接近，千万不要戴显得很廉价的五颜六色的发饰，因为头部的装饰在人体的最高位置，尽管你在镜子里可能看不到，但在他人眼

里，它实在太明显了。发饰的颜色应基本上采取黑色或深棕色，不参加晚会时，尽量不戴很大的金或银的装饰性太强的发饰。

头发的味道

有人说没有比头发整齐干净、散发着淡淡花香的女人更令人心旷神怡了。对女性来说，沐浴、洗发应该像“宗教仪式”一样的重要和认真，用心选择最适合自己发质的香波、护发素（或免蒸焗油膏），精心护理头发、多梳头。夏天不超过24小时，冬天不超过48小时一定要洗发。头上有了油味或廉价发胶发出的化学香味，就会让我们的魅力和雅度大打折扣。

穿出你的品位行动 13

● 照镜子的技巧：家中一定要有双面镜，可以镶在衣橱的两个柜门里，一边一面，打开柜门后，让自己站在双面镜之间，你才能看到发型的前后左右，这样你就知道了发型的真实风采——大部分人看到三维的自己都有一种强烈的动机，想要马上改变自己的发型。如果没有这样的镜子，你看到的只是发型的局部。

● 选发型的技巧：对着镜子，最好1米远，摆弄自己的头发成各种发型，直到自己的脸看上去很美，并和自己的身材高低大小成合适比例，再想办法看侧面、后面（通过双

面镜），剩下的事就是想办法用很多卡子和发胶将这种发型固定成型（这种方法对硬发很难做到，适合软发）。

● 束发：束马尾时要向高提才显得精神，低马尾会令人有无精打采和不修边幅的感觉。马尾一定要足够粗，太细了不美，要让头发显粗可以利用发胶喷雾，然后用梳子将头发打毛，马尾看上去就会变粗了。

● 卷发：每个女性家中都要有卷发器(热卷)，直发的人在有重要活动时可以将头发变得蓬松和曲卷。卷前将头发上喷些稀释了的发胶水，这样卷出来的头发一天都不变形（要选择无味道的发胶）。

● 香发：用喷上几滴高级香水的湿毛巾擦头发，你的头发就会散发出迷人的淡香。

● 剪法：选择高级发廊的发型师，并告诉他你要剪成什么样子，千万不要问他：你看我剪什么好？否则，剪完了你就不要对着镜子哭。大部分理发师都有着一流的剪技，却有着非常奇怪的品位。

● 脸型和发型：

长脸、个高的人适合两侧都丰满的发型，不适合高盘头。

短脸或额头窄的人适合将头发梳高向后拢。

大脸的人适合让脸两侧的头发微丰满，特别是在脸部盖上部分头发。大脸的人不适合让自己的头发显得太少，就像“馅大皮薄的饺子”。头发的量和脸的大小只有在一个正确的比例下才好看。

脸下部宽的人适合上面丰满下面微微削薄的发型。

上宽下窄脸型的人适合上边发量少下面发量大些的发型。

关于品位的观点

品位女性的发型考究，特别注意让发型适合自己的脸型。她们选择发型喜欢“经典的时尚”，动感而不失唯美，不会为了时髦而让头发看上去过于杂乱无章或者男性化，她们也不选择没有时代感的发型。头发的最佳颜色是接近自己眉毛和瞳孔的颜色，此时的脸看上去干净、协调。女人的头发无油、无屑，散发着清香是人见人爱的好品位。除个别人梳刘海儿好看，大部分人应大胆地把额头露出，以表达自信。为了解自己的发型，照双面镜是绝对必要的。软发质的头发可以做出任意发型，硬发质的人应剪出自己最佳的发型。你是你自己发型的设计者，千万不要把头发的“生杀大权”交给他人。发饰虽小，却是“和尚头上的虱子——明摆着”，最安全的发饰就是黑色的，而不用任何其他颜色。

品位大法14

YOUR ODOR SAYS MANY THINGS ABOUT YOU

闻香识女人
——由内而外的品位

YOUR ODOR SAYS MANY THINGS ABOUT YOU

品位大法 14

闻香识女人——由内而外的品位

有些人身上的衣服充满了油点、脏迹、缺扣、脱线、外露的商标、脏旧的衬里、不应露出的内衣，因放置不当而生成的皱褶，不合宜的装饰，再加上胡乱束起的头发、发上的头屑、嘴中的口臭、不干净的指甲、通过衣服轮廓透出的身体赘肉、脚上的异味、鞋上的尘土，这一切都显示了女性生活的不细腻、不精心、不考究，这样的女性“雅度”肯定是大大扣分的。

品位女性因为自尊和追求人体的高尚，尽管可能不穿鲜艳或华丽的外衣，但却肯在个人卫生和内衣上下大工夫，因为她们知道，干净、整齐、内在的精美关系到人的自信和尊严。个人卫生既需要时间，又需要钱作后盾，因此是高贵的象征。品位女人永远清新得好像刚从浴室走出来的感觉，她们身上散发着淡淡的沐浴露、香波、清泉的味道。手脚指甲修剪得漂漂亮亮，牙齿洁白整齐。

从品位女人身边走过，首先能迷倒他人的不是服装的款式、颜色和身上的饰物，而是味道，是头发飘来的淡香，是衣服散发的芬芳，是口气中传来的清凉，她们在早晨散发清香，中午洋溢芳香，傍晚弥散幽香，选择适合各种场合和各种角色的香水是品位女人的标志。

品位女人花时间和金钱投资口腔，她们知道用口腔实现的人生乐趣除了吃喝，还有甜美的吻，还有以爽朗的欢笑表达喜悦，更有口吐幽兰般的交流，这些都离不开将自己美丽的牙齿大方自信

女性的睡袍应和自己的居住环境相匹配。

让内衣和外衣有呼应。

地展示出来，也离不开将清香的口气送到正在渴望她的地方。将发黑的牙齿漂白，将缺失的牙齿补上，将畸形的牙齿矫正好，对牙齿定期洗、补、漂，是品位女人义不容辞的责任。

品位女人的内衣是她们的有力武器，穿上美丽的内衣，逛店、试衣、健身、理发、按摩、运动时，不但自己心旷神怡，还能很好地对付那些无处不在的、暗中窥测的眼睛，就是白天坐在办公桌前，也能像女神一样“站稳女人的立场”。

是的，身体应该是干净的，外表应该是整齐的，内衣应该是美好的，思维情感应该是敏锐而细腻的……今天的女人身上不缺自信和阳刚之气，也由内而外散发着女人特有的“清泉”气息。

内衣的性感让女人的自信从内向外发射。
（内衣图片由爱慕内衣提供）

穿出你的品位行动 14

● 热天时每24小时必洗头、洗澡，冷天时也不应超过48小时。

● 每天用牙线、电动牙刷刷牙，每半年必去牙科诊所清理牙齿。让自己的食品中含有大量纤维素，并避免各种过烫的食品，以避免口气中的不良味道。

● 每两周必修理指甲，去专业的美甲店或者自己学会修剪和美化指甲。

● 衣服上有了油点和饭迹应立即去除,如除不掉，这件衣服就要淘汰。

● 学会正确的吃饭姿势，吃饭时将上半身坐直，让下巴与桌沿在一条直线上，将餐巾平铺在腿上，这样的姿势既优雅又能有效防止食物掉到自己身上。

● 参加重要的公共活动和差旅之前、之后，都要沐浴。

● 优雅的女性应学会用香水使自己时刻清新香甜。方法：在沐浴后，可以将香水喷洒在沐浴时用过的湿漉漉的小毛巾上，用小毛巾将全身擦遍，包括还没干的头发， 这样身体就会散发着淡香，这种淡香，就像来自自己的肌肤而不是各种瓶子。喜欢自己闻上去更有个性的女士还可以将不同的香水混在一起用（需要你有较高的香水修养）。平时可以将喜欢的香水直接涂在手腕、耳后、颈后、头发上。

● 有很多发胶、染发水、洗衣粉、肥皂发出刺鼻的化学味道，应该避免使用。另外，下厨房的女性别忘了将自己的衣服换下，穿专门的烹调服装，避免出门时身上残留着家中做饭的油烟味。

● 穿衣前要将衣服熨平，旧衣服只能被下放成家居服。亚麻布料在活动中产生的皱褶例外，其他服装上的皱褶对于优雅的女性都应该避免。

● 买了衣服后立即将所有的扣子重新钉上，并将备用扣子收好做到真正“备用”。

● 长筒丝袜几乎等于女性的皮肤，品位女性不在穿裙装时穿短袜，也不穿不透明、跳丝、弹力低以至于活动时出皱褶的尼龙袜。穿凉鞋时不应穿袜子，这也是应该注意的细节。

● 应根据外衣的颜色选择内衣，如不将黑色内衣放在浅色的外衣里面，不穿将自己勒得紧紧的内衣，以免从轮廓就能看到脂肪被内衣分隔成不同“板块”。品位女人喜欢无痕式内衣内裤。

● 品位女性选择考究、合身的内衣，让外在的素雅和简约配上精美的内衣，是她们独一无二的服饰战略战术。

● 品位女性不在套装里穿松款的毛衣或外套式的毛衣，以免让自己看上去窝窝囊囊。

关于品位的观点

优雅的女性是非常讲究个人卫生的女性。因为良好的个人卫生使人有尊严。女性身上的味道是个人卫生的晴雨表。女性仅仅干净还不够，必须清香。高贵的女性喜欢美“由内而外”散发，即便外面的服饰不是最有诱惑力的，内衣也能照亮无处不在的暗藏的眼睛，特别是让自己时刻感觉良好。

内衣是女性真假优雅的“分水岭”，是女性珍爱自我的人生态度。

品位大法15

AVANT-GARDE AND CLASSIC

前卫和经典

另类和唯美

AVANT-GARDE AND CLASSIC

品位大法15

前卫和经典 另类和唯美

目前有的女性的服饰过于古怪，自认为很超凡脱俗，不再为我们“俗人”所理解，也就是我们说的“另类”。其实，真正的前卫不等于古怪，另类也不等于丑陋。前卫的时尚代表了更高层次和更深奥的美，面对这样的美，多么俗的人，也有能力辨别出美的痕迹来。然而说到底，艺术的最高境界是赏心悦目，才能产生对人们心灵的冲击。

对创造时尚的艺术家来说，创作另类的作品是一个探索和试验的过程，也有标新立异的渴望。对于商家来说，动机是为了刺激人们的购买欲望。对特别紧跟时尚的人来说，是一个更复杂的问题，追得太紧的人，可能有很大程度的从众心理，还有许多人有“只要标新立异就一定高明”的误会。事实上很多标新立异的作品一方面有碍观瞻，另一方面也在伤害穿着者的尊严。

服装和其他艺术毕竟还是有区别的，服装是穿在人身上的具有特殊功能的工具。创新的同时还兼具唯美的服饰才有生命力，就像贝多芬的交响乐、李白的诗，它们之所以成为经典，是因为这些作品都不会脱离美的轨道。虽然有着鲜明的风格和独创性，但是它们都在美的轨道上行进，才能保留至今，并流芳百世。

连造物主在造这个世界时都把江河湖海、蓝天白云、山川大地造得赏心悦目， 我们又怎能以“艺术”为名，将丑陋的作品说成是“时尚前卫”呢？大牌的艺术家是超级高雅的人，他们懂得唯美不是艺术的敌人。作为用服饰装饰自己的人，不要让自己看上去

高级休闲装

不像时尚的引领者，而更像时尚的牺牲品。而这两者的区别在于，前者能让人看到人格的尊严和美，后者引起的只有尴尬和同情。

有品位的人永远与“最时髦”保持一点点距离——很多时尚是没有生命力的，我们作为追求美的消费者，也不应该盲目跟得太紧。如20世纪60年代的大肥腿裤，80年代的大垫肩，90年代的松糕鞋，21世纪的火箭鞋……过于夸张的设计都早已消亡，取而代之的是小微喇裤、直腿裤、小垫肩、小方头鞋、小尖鞋、小坡跟鞋、小圆头鞋，因为它们是唯美的、平衡的、与人体和谐的。它们除了新颖，还有让女人更美的功效。有品位的消费者有着对美和时尚成熟的见解，她们只坚定不移地选择那些让她们美丽的创新之作。

不惧怕前卫

前卫的装束看上去是独树一帜、富有想象力和充满时代气息的。喜欢穿出品位的女性不仅善于购买时尚用品，更重要的是善于将普通的经典服装进行高明的搭配，以穿出自己独特的鲜活品位来。这里强调，不断购买另类的服饰远不如将经典的服饰不同凡响地披挂起来更实用、更有品位。如将大衣领竖起来；将数件衣服叠穿再将外衣敞开，露出里面有趣的层次；将墨镜当发卡戴；将丝巾打成领带、在草帽和包上系丝巾、或把头发用丝巾系起来；将毛衣当围巾、将围巾当裙子、将裤子穿在裙子里面……都可以营造出一种经过精心努力达成的不经意的新颖效果。

品位女人都是混搭高手

混搭就是将完全不同风格的衣服混在一起穿，如牛仔裤配中式上衣，上班衬衫配呢外套加配牛仔，超短裙配牛仔，外搭羊绒披肩。

品位女性都喜欢飘逸感的服饰

飘逸感就是在有动作的时候，身上有的服饰能在空中飘扬，增加了动感和风情。许多女性让上下衣都紧紧地包裹住自己，并把所有的扣子严严实实地扣紧，没有什么可飘的。这样的人远远看上去太像木偶了，或太刻板了。能飘起来的服饰有大衣、风衣、衬衣的大翻领、长发、长项链、敞开的上衣、长围巾、裙带、缎带、腰带、纱裙的裙摆、散裤、包上系的装饰链等。

女性的装束中一定要有阳刚气才有时代气息

有时代感的物品包括宽檐帽、男性表、马靴、大墨镜、风衣、黑伞、领带、男性衬衫、袖扣、兜巾、高级钢笔、男性公文包、男性套装、素色呢大衣、皮夹克、皮裤，这些服饰都应该是今日品位女人的闺中密友。

穿出你的品位行动 15

● 从时装杂志中关注服装、饰品、包和鞋的新趋势，能清楚地了解这种趋势的主要因素是什么。你是否认为它们是美的？你可以从中借鉴什么？

●让自己有艺术气质，才能辨别真假“前卫”。从艺术品、室内装潢、花艺、文学、音乐中陶冶自己的情趣，美在生活的方方面面。

● 不惧怕前卫的美，试着打破自己过去服饰搭配的习惯，而穿出有新意的、随心所欲的风格，还要注意各种人的服饰和搭配，从不同的人身上学习独特的穿法。

● 千万避免怪异，不要将自己的头发颜色染得很极端，束得过于蓬乱，口红涂得很怪异，指甲画得惊人，裤子太肥，鞋跟太粗， 鞋尖过长，绝不让自己的服装臃肿庞大，首饰粗制滥造。品位女性坚决不丑化自己。

● 除非你是从事艺术工作和酷爱艺术的人，尽量选择经典而精致的服饰，它们是最不容易被淘汰的。这些服饰应该成为自己的服饰的主力军，这才是优雅女性的服装战略。而对流行款式的选择应少于总量的30%。

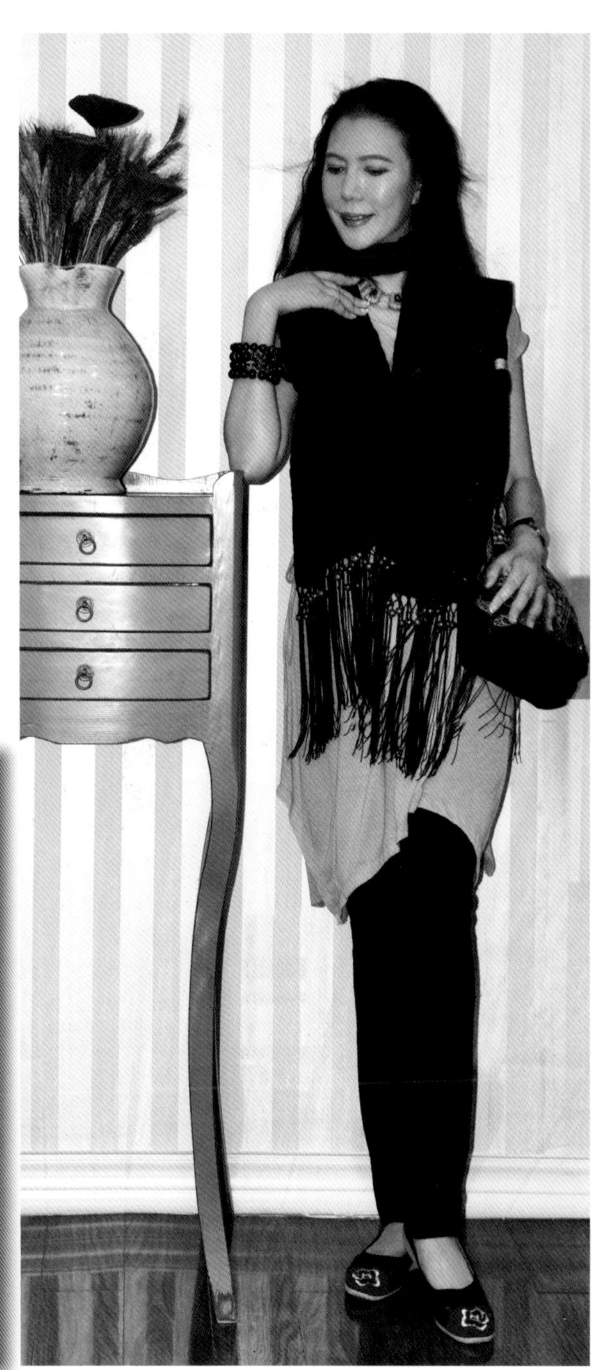

关于品位的观点

对于普通人来说，服饰和任何艺术品不同的是：服饰不是用来丑化人而是美化人的工具，创意不等于丑陋，个性化不等于古怪。唯美主义是艺术的最高境界，也是服饰的最终极标准——让人看上去有尊严。但品位女性不是循规蹈矩的，而是善于将普通的经典款服装不同凡响地搭配出来，这是品位女人对自己的终极挑战。

品位大法16

PERSONAL STYLE AND WORDROBE ETIQUETTES

服饰的礼仪与风格

PERSONAL STYLE AND WORDROBE ETIQUETTES

品位大法 16

服饰的礼仪与风格

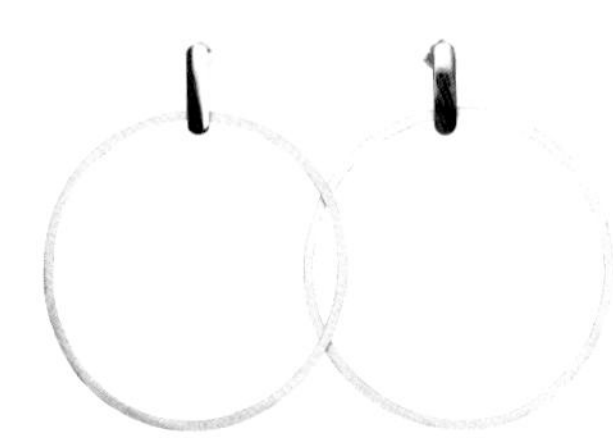

根据场合穿对服装是品位的最高象征

我们常常在隆重的国际交流会议的闭幕晚宴上,看见美丽的女性穿着上班时的套装；或是在高级写字楼的办公室里，看到有的女性穿着休闲款的松松垮垮的毛衣；或是在旅游胜地看见有的女性穿着精致的晚装和高跟鞋；或是在阳光灿烂的海边，看见有的女性穿着浊色的厚重的衣服；或是阴天下雨时有人穿着鲜亮的太阳裙；或是有人在走访贫困山区时穿着非常华丽的服装……这些不遵守着装规则的女性显示出了对着装礼节学习得不够，于是给人留下“品位不够”的印象。

和谐是美的最重要因素, 在诸多的和谐中,人和环境的和谐是最重要的。人和环境的和谐要点之一就是：要求人能根据不同的时间、地点、场合着不同款式、风格和颜色的服装, 这是着装的重要礼仪, 也是女性修养中非常核心的方面。在不同场合正确运用服饰，是品位的最高象征之一。

有人这样给服装打分：颜色是10分，款式是10分，风格是10分，能根据场合着装是10分，一个人着装的品位就可以得到恰当的判别了。但事实上，颜色、款式、风格再不对也有分，如果场合穿得不对就是0分。用0 乘以多少分都只可能得0分——0(场合) ×10×10×10=0。

不同的时间、地点、场合穿不同的衣服，正是目前我们中国女性在形象教育方面稀缺的知识，也正是表达一个人修养和见识的核心内容，是的确需要我们下大工夫学习的文化内涵。

服饰的风格

尽管所有女性都渴望在着装时能展示自己

高级休闲装

独特的风格，然而大家又对风格感到极端困惑——这种困惑包括“什么是风格？”“我是什么风格？”“什么风格最适合我？”“我是否需要改变自己的风格？”或“我应该保留自己的风格吗？”“风格能改吗？”“哪一种风格最好？”等等。

我们每个人因为世界观不一样，生活方式不一样，生理条件不一样，天生气质不一样，性格不一样，工作环境不一样，个人文化修养不一样，而成为独立的个体，世界上没有两个人在以上几个方面都是雷同的。可以说世界上没有一个人在风格上不是独特的，因此，每个人自然对不同服饰的选择就有着独特的倾向——我们称这种不同的倾向为不同的风格。可喜的是，在今天这个物质极大丰富的时代，服饰行业为我们创造了千差万别的选择，让每个人都能随心所欲地展示自己和他人的不同之处。

风格尽管有数以万计，大多数女性可以被归类成七种典型

传统型：以经典、严谨为主调的着装，适合这类风格的人通常集中在政府、法律、教育、金融、保险、管理、部队、学术界等。

优雅型：以经典、精致、斯文、细腻、唯美为主调的着装，适合的人群和以上的群体有类似，另外还有播音员、高级白领、高级助理、文秘等。

浪漫型：以女人味、精致、唯美为特点，特别适合从事家政、幼教、社区工作的人群。

性感型：以突出女性生理曲线美为特点的风格，适合的人群有舞蹈老师和舞蹈演员、歌星、模特、 夜总会工作的女性等。

戏剧型：以突出女性的时尚、张扬、成熟、大气、都市化、奢华和自信的风格，多见时尚界资深从业者、功成名就的成熟女性、演艺界明星、设计师等。

创造型：以前卫、另类、创造性、标新立异为主的风格，多见于艺术家、造型师、服装设计师、形象设计师、室内装潢设计师等从事与艺术创造有关的行业。

自然运动型：以运动、随意、自然、舒适、方便、动感十足为特点，多见于学生、记者、运动员、中小城镇普通劳动者等。

高级休闲装

但事实上，现实生活中能和这些类型的典型描述相吻合的人真的很少，其中的秘密是——绝大多数人是混合型的，她们或多或少都是几种类型的混合体。不同程度的混合类型造成了千姿百态的风格。

希望品位着装的女性都应理解自己拥有哪些气质，应该怎样将自己的气质用服饰恰当地表达出来。要做到这一点，除了缜密地研究自己，还要求我们熟练地掌握服饰丰富多彩的语言。

服装是蕴涵丰富的一门语言。每一件衣服、一个首饰、一双鞋、一个图案，都在表达着一种特殊的意义。

例如标准的套装表达的是严肃、认真、中性；

一条乱花图案、纱质、飘逸的连衣裙，表达的是女人的浪漫情怀；

一件中式织锦缎上衣表达的是经典的华贵；

一条简单的牛仔裤表达的是现代文化中的大众情调；

一件豹纹图案的紧身低胸连衣裙表达的是野性的性感；

小晚装

高级休闲装

一件绣花的软缎衬衣表达的是温柔的性感；

一件带拉链的皮夹克表达的是干练、率性、阳刚气；

一件圆领、系丝带的上衣表达的是甜美可爱；

一件超短的大格呢百褶裙表达的是纯洁、乖巧、可爱……

除了服装，不同造型的包、鞋、首饰都代表了不同的意义。

一个扣状的现代几何图案的首饰，和一个吊灯式的古典首饰所表达的情调完全南辕北辙。

一条华丽的镶有钻石的项链，和一条粗犷的带有十字架的胸链也在表达着完全不同的文化内涵。

一双高筒马靴和一双细细的高跟鞋，所表达的美也是完全不同的。

只有理解服饰的语言，也谙熟自己风格的人，才能善于打造和烘托出自己独特的美。着装老练的女性像舞台上的演员，她们熟练地根据自己在不同时间所扮演的不同角色，将自己装扮成不同风格但又不失自己特点的人。

(对风格的理解，请关注幽兰女社的下一部出版物)

服装TOP原则的掌握
（TOP原则是国际间着装的基本礼仪）

T指的是时间(time)——具体原则是：白天、黑夜、阴天、阳光灿烂时的服饰颜色都是不一样的——阴天只穿暗色、素色，阳光灿烂时的室外活动要穿艳色(室内应该穿明暗搭配的服饰)，太阳下山后出门基本穿深色。

P指的是地点——应记住的原则:在高级场所应穿高级面料(绫罗绸缎、丝麻丝绒、皮草羊绒等)，朴实场合穿简朴面料(棉、咔叽、粗布、粗毛、混纺等)，运动场合穿便于运动的款式和面料的服装(弹力或专业面料，不同运动穿不同的运动服等)。

O指的是内容——不同行业的人的服饰文化和审美观有着很大区别，选择着装时，重要的是要了解：

是休闲还是工作场合——工作和休闲的服装款式有着重要的区别，工作服装强调严谨，休闲服装强调舒适；

是娱乐社交还是庆典——服装的隆重程度不一样，庆典服装应该更端庄一些；

半正式的上班装，适合非正式的行业。

你从事的行业——严肃行业着装必须严谨，娱乐时尚行业着装必须时尚，艺术界从业者着装可以是艺术性和另类的风格；

将要和谁在一起——会见亲朋好友可以随意，与客户和领导见面要端庄和高雅，与基层大众在一起必须朴实；

高级休闲装

你充当什么角色——主动角色，如领导、讲师、主持人、宴会主人等；被动角色，如听众、观众、来宾等。如果是主动角色，着装应比同一场合的被动角色更隆重些。

服装风格的掌握

找一两本关于服饰风格的书进行学习。

穿出你的品位行动 16

- 在看电影的时候（特别是西方近代的片子），请多注意不同的场景人们不同的着装形式。
- 在出国旅游和参加各种外事活动时多观察周围的人们在不同场合的着装特色。
- 观察不同社会群体的着装特色和共性。

关于品位的观点

善于在不同的时间、地点、场合着不同的服饰，是现代女性的必备修养，也是品位着装的前提。学习的途径除了研究服饰方面的书籍，就是多从电影、生活中观察这方面的规律，更重要的是在理解主要原则的前提下，坚持每天实习这些原则。

每个人的服饰都应该是独特的，因为每个人的风格都是独特的。如果我们和邻居家的女孩穿一致的服饰，或让自己被街头巷尾的潮流淹没，是我们对自己人格的最大忽略。

除了要学习服饰的语言，还要真正理解自己的特点，理解自己的社会角色，并学会在任何时候都能用服饰恰当地表达自己的万种风情——这是品位女性必不可少的能力。

品位大法17

THE DIGNITY IN IMAGE

服饰中的尊严

THE DIGNITY IN IMAGE

品位大法17 服饰中的尊严

姿势和风度

一个人的风度是穿衣服好看的最重要原因，而风度很大程度体现在“姿势端正”上面，有好的姿势表明一个人自尊、自信、行为正派、有较高的道德水准。尽管这一表面现象并不一定是事实，却也是人们在日常生活中判断他人的重要根据。服饰都是在标准的模特身上设计出来的，标准的姿势让服装在身上能够舒展流畅，从而充分展示服饰自身的美，进一步烘托人的美。

经常参加运动、受过军事训练或舞蹈训练的人，往往有很好的姿势，看起来与众不同。更重要的是一个人应该自觉地在日常生活中经常注意站、坐、走的姿势，好的姿势不但看起来优美、有教养，还会让我们远离颈、腰、腿疼痛，远离未老先衰。

不为他人做广告

我们中的很多女性对商标还不够敏感，只是把它们看做是产品质量的一个标志，但在许多发达国家，特别是有品位、有文化、有地位的女性，对有品牌Logo的服饰会敬而远之，从不会张扬地穿着展示某个品牌的服饰，她们宁愿去选择那些低调、含蓄、看不出是哪个品牌的服饰来掩盖自己喜欢买名牌的爱好。 因为穿着明显的品牌服装好像是在向众人宣告：“我买得起某某牌子。”品位女性不会免费为商家做广告。其实的确有很多商家，利用人们对名牌产品“可望而不可即”的心理，低价销售或免费赠送一些带有明显广告性质的产品，让无经验者穿上为他们做广告。

总之，服装的商标过大，信号过于明显，尽管价值连城，我们也感到这样不够高雅。

我们选品牌的原则应该是：无论首饰也好，包也好，鞋也好，服装也好，只要公司Logo太明显，都要小心审视，不要让自己看上去像一个活动着的广告牌。

不能假得太露骨

近来中国市场上有许多赝品的名牌表、包和服饰，当我们不小心买到了或从他人那得到了这些物品时，一定要审视一下它们是否与我们的其他服饰相和谐？是否与我们的生活方式相和谐？有的女性穿着极为朴实的劳工服，却戴一块很大的卡地亚时尚表，或戴一串价值连城的钻石项链(如果是真的)，这样的搭配就让人感到很不和谐。我相信这样穿戴的人可能不知道其中的古怪，但旁观者就会觉得离谱。既然如此，不如穿得干净朴实，不佩戴任何假名牌的饰品，让自己看上去更有原汁原味的自然美和发自内心的骄傲。

穿出你的品位行动 17

● 练就端庄的姿态：让自己的身体在站、坐、走时都能挺拔向上。要想坚持这个原则，就要练习在任何时刻都提起自己的胸

部、臀部、顶部，并将肩向下自然压下（我们称为“三提一下”）。走路时在控制髋部上下工夫，就是让髋部向前并向中间迈步，用髋部保持身体的向上挺拔，不是让身体的重心随着小腿向前迈出而不断升降与摇摆。

● 不选择标志明显的服饰：不买印有太大的Logo的T恤衫和各种服装，不戴做成明显的品牌Logo的首饰，避免背有很大Logo的包。

● 不穿假名牌，在符合自己经济状况的前提下选择美丽的服饰。

● 对时尚进行理性地裁判，无论多少人穿，绝不把丑的时尚品披挂在自己身上。

关于品位的观点

衣着再漂亮，也需要主人有风度、对自我有要求，有一些细节不经意间就会让人丢面子的，如姿势不雅观，会让世界上最美丽的服饰也黯然失色；如服饰上标有太明显的品牌Logo,就有故意“露富”的嫌疑；如一个人服饰奢华到了和其生存状况相差太远的地步,就有“装富”的难堪。一个人不会因为不能支付名牌服饰而减少其人格魅力,却会因为装扮成“不是自己的人”而找不到应有的尊严。

中式大晚装

爱美爱国的幽兰博士
——幽兰女社社长张乐华博士

“月影涌动夜黄昏，自有一片暗香来”，如此宁静幽深而富有诗意的诗境正可形容这位风姿优雅、气质高华的知性女性——北京幽兰女社社长张乐华博士。张乐华博士人称气质“教母”，中国成年女性素质教育第一人。国际素质培训专家、中华女性素质教育基金执行秘书长、北京幽兰女社创办人，主要课程的研发者及课堂质量督导、培训人。

张乐华博士孜孜不倦的人生目标可以用两个词来形容，那就是爱美和爱国。她把自己爱国的激情体现在对美孜孜不倦的传授上，把爱美的努力彰显于让富裕起来的中国人能更体面、更有尊严地昂然站立在世界面前的崇高目标上。

2001年，张乐华博士创办的北京幽兰女社，全面致力于中国女性的形象素质、行为素质、心理素质、职业素养和文化素养的提升培训，并不断吸取发达国家300年女性素质教育经验，成功研究出全套帮助中国女性成长、成熟、成功和魅力提升的五大系列（共计100学时）的课程，这些课程将传统东方女性的温婉尔雅的含蓄传统美德和具有独立自强的现代女性精神融会贯通，全面打造具有东西方文化底蕴及古代美和现代美于一身的卓越女性。

张乐华博士研发创立的“中国女性综合魅力素质课程”，除对前来幽兰女社学习的女士进行小班授课外，还将这些课程结合多年心得体会编纂成书籍服务大众，张乐华博士的著作有《你的优雅价值无限》《穿美36问》《美好服饰搭配10大金律》《众目睽睽下的淑女和绅士》《穿出你的品位》，即将准备出版的专著有《活出浪漫》《国际公务员礼仪参考大纲》《女孩，女人，女神》等，她将知识无私地奉献给广大读者。

在过去的六年中，张乐华博士还进行了上百场公开讲演，发表了上百篇文章,对许多重要的政府部门、企业、事业以及女性集中的单位和部门进行过培训。至今已成功地为“奥组委志愿者”、“故宫博物院”、“爱立信中国”、“西门子”、“光大银行”、“中国轻工部”、“中国移动”、“外交部新闻司”、“北京市工商局”、“农业银行”、“国家财政部”、“中央电视台人力资源部”等上百家著名企业及政府机关单位工作人员提供“企业综合素质培训”。

张乐华博士用自己的人生证明：女人要想卓越，就要不断地修炼自己,让自己不断地成长，让自己的形象、行为、观念、生活方式符合审美原则，让自己美得优雅，美得深刻，美得高尚；她用自己的实际行动证明只有这样孜孜不倦的学习，才能让女性从充满憧憬的女孩成长为自信自爱的女人，再升华到博爱济世的女神。

“宁可抱香枝上老,不随黄叶舞秋风”，“路漫漫其修远兮，吾将上下而求索。”这正是张博士放在案头时时用来警醒自己的座右铭，岁月不是女人感伤容颜老去的钟声；光阴能为女人的成长和成熟赢得时间和空间；崇高的追求更能让女人充满了优雅、魅力和智慧。

教育背景和工作经历

- 2001年-至今创办北京幽兰女社国际美育培训中心
- 1996-2001年新彬国际医学信息有限责任公司创办人、当代医学杂志总编
- 1987-1993年美国新泽西州医学院临床分子生物学博士
- 1984-1987年美国新泽西州路易斯安娜大学生物系硕士
- 1978-1983年首都医科大学医学学士

近年来所获荣誉:

- 2008年中国奥组委志愿者部礼仪顾问团讲师
- 2007年年度“中国十大经济女性评选优秀奖”
- 2007年学习型中国女性成功论坛“中国百佳魅力女性”
- 2006年北京市市委精神文明办公室讲师
- 2006年第三届十大中华英才“勇于创新奖”
- 2005年Sohu网站女人频道十大创业女性最佳气质奖
- 2005年中国创业女性魅力风尚“最佳仪表奖”
- 2005年《精品购物指南》“年度财智女性奖”

幽兰女社美育国际文化传播中心——成就女人中的女人

幽兰女社能给中国女性带来什么？
“美丽、尊严、自信和生活质量”

幽兰女社美育国际文化传播中心是国内首家专业致力于女性素质整体提升的培训机构。幽兰女社对会员服务的主要方面有形象素质、行为素质、文化素质、职业素养和心理素质快速深度提升的系列女性素质美育课程，使学习后的会员从声音、体态、仪表、风度、品位、艺术修养、社交、待人处世、思想深度、职业生涯、心灵成长等全方位得到发掘。

张乐华博士结合发达国家300年女性教育经验与中国文化特点，成功研究出一系列优质而有深度的女性素质美育课程，帮助中国女性提高各方面素质。

幽兰女社培训内容

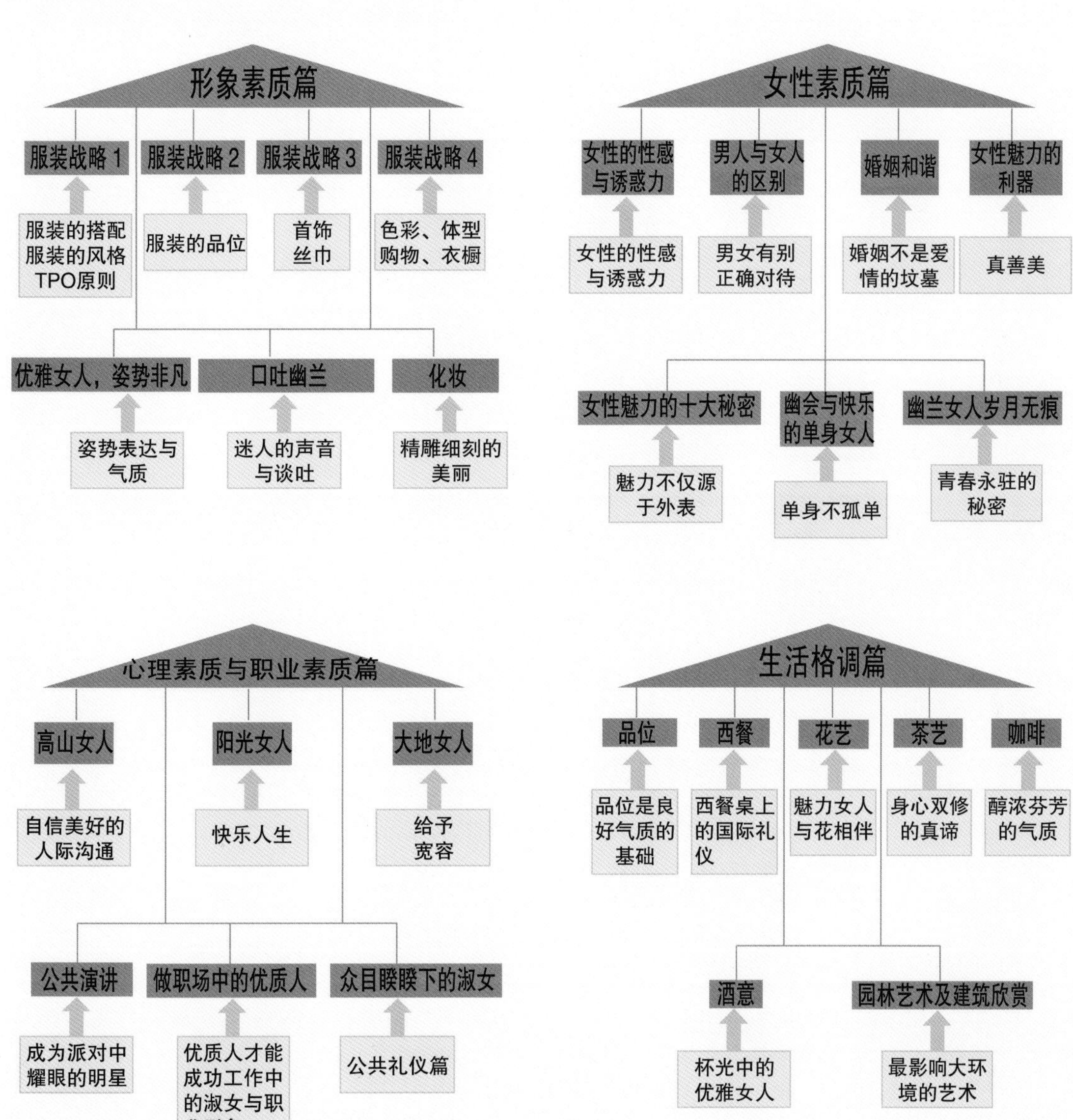

形象素质篇
服装战略 1
服装的搭配
服装的风格
TPO原则
服装战略 2
服装的品位
服装战略 3
首饰
丝巾
服装战略 4
色彩、体型
购物、衣橱
优雅女人，姿势非凡
姿势表达与气质
口吐幽兰
迷人的声音与谈吐
化妆
精雕细刻的美丽
女性素质篇
女性的性感与诱惑力
女性的性感与诱惑力
男人与女人的区别
男女有别
正确对待
婚姻和谐
婚姻不是爱情的坟墓
女性魅力的利器
真善美
女性魅力的十大秘密
魅力不仅源于外表
幽会与快乐的单身女人
单身不孤单
幽兰女人岁月无痕
青春永驻的秘密
心理素质与职业素质篇
高山女人
自信美好的人际沟通
阳光女人
快乐人生
大地女人
给予
宽容
公共演讲
成为派对中耀眼的明星
做职场中的优质人
优质人才能成功工作中的淑女与职业形象
众目睽睽下的淑女
公共礼仪篇
生活格调篇
品位
品位是良好气质的基础
西餐
西餐桌上的国际礼仪
花艺
魅力女人与花相伴
茶艺
身心双修的真谛
咖啡
醇浓芬芳的气质
酒意
杯光中的优雅女人
园林艺术及建筑欣赏
最影响大环境的艺术

幽兰女社培训内容

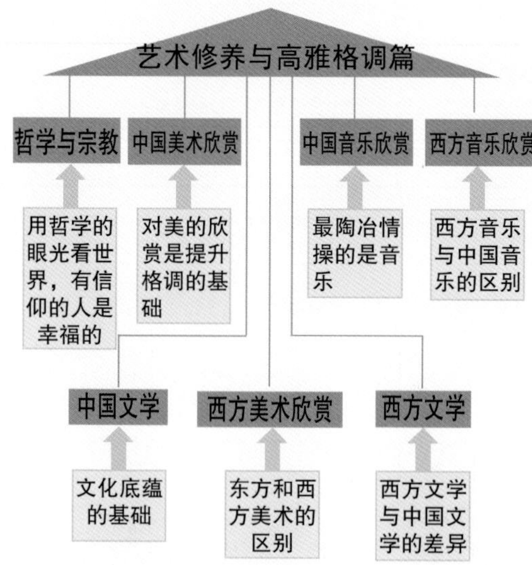

幽兰女社课程设置

幽兰一级课程——幽兰综合魅力班	
课时	7天
课程宗旨	快速提升女性综合魅力，令女性风采形象、谈吐交际、仪态礼仪、行为举止、两性相处各方面素质得到大幅度全面提升。
课程内容	服饰形象、风格色彩、美姿形体、优雅礼仪、化妆造型、吐字发声、自信心理、两性分析、魅力解析等课程
学习成果	·掌握提升服饰品位的36项重要原则 ·认识女性风格、体形和色彩 ·掌握了服饰、妆容、配饰各种形象打造技能 ·了解服装的语言，极大地提高着装品位 ·掌握优雅地肢体语言 ·掌握女性在公众场合下优雅举止的六级标准 ·掌握优美的发声方式和动听的吐字技巧 ·掌握女性魅力的本质以及修炼女性魅力的技巧 ·掌握成为一个拥有女人味的魅力女性的智慧 ·认识男性的性格特性，获得与男性愉悦相处的技巧 ·掌握获得自信心态的方法

幽兰二级课程——幽兰品位格调班

课时	7天
课程宗旨	琴棋书画中滋养淑媛气质，诗酒茶花中修炼格调韵味，成就慧美雅极致境界女人。
课程内容	插花、茶道、香道、品鉴红酒、咖啡、朗诵诗歌、古琴、围棋、昆曲、书法、水墨画、雅居文化、欧式下午茶等课程
学习成果	・了解酒、咖啡文化，掌握品鉴红酒、调制鸡尾酒、制作咖啡的知识 ・具备插花、茶艺、香道赏析知识和操作技能 ・欣赏国内外优秀诗歌，掌握诵读诗歌的技巧 ・具备赏析中国水墨画、书法、古琴、昆曲的知识技能，掌握围棋入门知识 ・掌握装饰家居环境，营造高雅氛围的技能 ・掌握组织沙龙聚会的技能

幽兰三级课程——幽兰文化修养班

课时	7天
课程宗旨	课程宗旨：培养腹有诗书气自华的知性智慧之美，在文化艺术中陶冶女性内在之雅蕴，让女人由内而外散发博雅脱俗气质，美得深刻，美得高贵。
课程内容	中西方文学、走进艺术世界、中外舞蹈赏析、歌剧艺术之魅、中西方哲学等课程
学习成果	・轻松欣赏中西方文学、艺术、欧洲古典音乐、歌剧、舞蹈，了解掌握著名代表性文化艺术大师和主要作品 ・了解认知东西方哲学、宗教的理论和境界 ・提升文化艺术修养和审美鉴赏能力，女性雅度直线上升新高度！了解昆曲文化，会赏析昆曲艺术 ・学会用文化艺术、哲学宗教来指引人生的前进和完善

幽兰女社让优秀的女人更卓越

服务1：个人综合测评

利用摄像、录音等科学手段，对个人表情、仪态、形体、服装服饰、色彩、声音、表达等外表与气质进行全面专业分析，进行归纳整合，提交系统化评测报告，依照此报告,可使个人迅速作出适宜调整和改变，以成为既符合大众标准又具有个性气质的美丽女性。

服务2:定向培训课程

针对个性特点，自由选择多达100学时的个人综合素质与魅力提升课程，知名专业学者授课，结合先进国家培养经验，有效弥补和全面改善魅力形象，在短期内彻底告别人生阴影，焕发动人姿彩。

服务3:个人形象设计

为个人设计形象，定做服装，提供从整套服装到鞋、书包、首饰、丝巾各种细节的搭配方案，选择优质材料和优秀品牌，精工细制，以最经济的花费为您带来凸显个性的整体服饰风格。

幽兰女社培训适合人群

- 望女成凤、望子成龙的母亲
- 需要和社会高层打交道的职业女性
- 正在调整工作，重新考虑人生定位的女性
- 期待全方位提升自己综合竞争力的企业领导
- 渴望在出国后顺畅进入国际主流社会的女性
- 渴望从事优雅事业，希望通过优雅致富的女性
- 婚姻危机，爱情济济，渴望解读爱的秘密的女性
- 事业有成，但做女人还未做到甘畅淋漓的遗憾的女性
- 爱美过多投入，尽管大量购买名牌，却收效甚微的女性
- 从事形象顾问或美容行业，想进一步提升综合素质的女性

幽兰寄语

我们不可能从变化的时尚里创造出永久的品位，却可以从永久的品位里创造出自己的时尚。美好人生不是用金钱瞬间堆砌出来的，而是要通过不断地学习、思考、实践，慢慢蜕变形成。完美人生如完美之花，她的缔造，需要阳光沐浴，雨露滋润，汲取万物精华，才成晶莹剔透。

幽兰女社便是诞生于这一思考，在国内外知名专家学者的指导以及众多国际企业的支持下，我们有幸将世界上最先进和最有深度的课程带给有着美好追求的您。

幽兰女社帮您领略到美丽的另一种诠释和演绎，还您以完美人生的真实面目，让您散发出兰竹般的清芳，这清芳将托起您午夜的梦想，翱翔于金色天空。这种美丽与幸福，就如同远古的琴韵、恒久的诗篇，深谷的幽兰，虽经时光雕琢，岁月磨砺，却无法淡逝半分悠扬与激荡，反而越发地浓郁与甘醇，令您为之沉醉一生。

请不必为美貌褪色而叹息，不必为时光消逝而忧郁，真正的美随着岁月的流逝将越来越深厚，沉淀于我们的内心，就像陈年佳酿，芳香四溢。

诚切地欢迎您加入我们幽兰女社，让我们一起发掘生活美的真义，让我们的生命得到更高层次的升华，让其散发令人心怡的芬芳，使岁月和生命留下永恒的弥香！

幽兰女社系列教材

《你的优雅价值无限》一书中道出了高雅女性的精神内涵与行为特质，详述了女性在与时光的争战中呵护美丽、提升气质的方法。

《众目睽睽下的淑女和绅士》是幽兰女社社长国际素质培训专家张乐华博士用她的人生经历贯串着近200条国际礼仪编写成的倾力之作。

《穿出你的品位》告诉你服饰背后的语言与艺术，用图片与文字阐释美与优雅，解读女性服饰的时尚与经典。

《美好服饰搭配10大金律》幽兰女社系列培训教材——以国际都市女性着装经典搭配200例介绍了良好的视觉冲击式怎样产生的，并以大量彩图帮助读者认识服饰在风格、场合、季节、色彩上的搭配原则。

《穿美36问》一书以36个问答的形式，向读者介绍"穿美"所需要的必备知识与秘诀，其中包括如何搭配出美的效果、国际上约定俗成的服饰礼仪、服装风格的营造、服装款式对于个人体形的修饰、穿出品位、衣橱打理、发型与配饰等。

《魅力女人的七瓣花》光碟是张博士倾心结合幽兰女社课程精华与东方女性特点打造，指引你为心灵做优雅SPA，每天给自己一点时间，倾听它，你会领悟生命之美的新境界，拥有美丽、自信、祥和、聪颖、宽容、坚强、快乐的大智慧！

感 谢

我由衷地感谢中国青年出版社对该书文字的编辑工作所给予的鼎力支持，特别是苏婧女士对该书质量所作的促进和努力；也感谢姚远摄影师、王梅莉摄影师的专业摄像技术保障了这本书图片的质量，感谢幽兰女社曹苗女士为该书排版所做的精心努力。

我在此特别深深怀念并铭感优雅的伯爵夫人宁·克瑞文女士多年来对我的友谊、厚爱、影响和激励，还要感谢科提思先生对我的事业和眼界的拓展曾作出的重要贡献。

张乐华

二零一二年十月北京